基礎スラリー工学

INTRODUCTION TO SLURRY TECHNOLOGY

椿 淳一郎
Tsubaki JunIchiro

森 隆昌
Mori Takamasa

佐藤根 大士
Satone Hiroshi

著

丸善出版

はじめに

　時代とともに微細な粉体粒子に対する需要が高まってきている．微細粉体粒子は乾式では取り扱いが難しく，湿式でスラリーとして取り扱われることがほとんどである．しかし，スラリーの挙動は複雑であるため工学・技術の体系化が遅れており，スラリーの取り扱いは試行錯誤にならざるを得ない状況にある．

　著者らは，1994～2012年まで名古屋大学において「現場に役立つ基礎研究」を標榜して，スラリー特性の評価，スラリー操作などに関する研究を行ってきた．本書は，18年間の研究成果を中心にして体系づけたスラリー工学の提案である．

　本書では，まず0章で粉体工学とスラリー工学との関係を概観し，本書で取り扱うスラリーの範囲について説明する．本論は3編に分かれ，第Ⅰ編ではスラリーの特性とその評価法を著者らの研究成果に限定せず網羅的に論ずる．第Ⅱ編では，著者らが取り上げた成形プロセスの主に解析に関する研究成果をトピックス的に紹介する．第Ⅲ編では，新規沪過技術など著者らが開発したスラリー技術を紹介する．なお本書の記述において，引用元の論文とデータの解釈が少し違っている部分があるが，それはその後の研究成果を反映してより深く考察した結果であるので，ご了解いただきたい．

　本書が，スラリーと悪戦苦闘されている技術者の頼もしい味方になってくれれば本望である．

　　2015年 初 冬

椿　　淳一郎

森　　　隆昌

佐藤根 大士

目　次

0　粉体工学とスラリー工学 …………………………………………………… *1*

第Ⅰ編　スラリー特性とその評価

1　スラリー工学の現状と課題 ……………………………………………… *7*

1.1　微粒子はなぜスラリーとして扱われるか ……………………………… *7*
1.2　スラリーの挙動はなぜ複雑か …………………………………………… *8*
1.3　問題解決の道筋 ………………………………………………………… *10*
1.4　粒子状材料製造プロセスで重要な評価項目 ………………………… *11*

2　粒 子 特 性 ……………………………………………………………… *13*

2.1　粒子径，比表面積，密度 ……………………………………………… *13*
　　2.1.1　粒子径　*13*
　　　　　レーザー回折・散乱法　　動的光散乱法　　沈降法
　　2.1.2　比表面積，密度　*16*
　　　　　比表面積　　密度
2.2　粒子径分布，粒子構造 ………………………………………………… *18*

3　粒子と媒液の界面 ……………………………………………………… *21*

3.1　粒子と媒液の親和性 …………………………………………………… *21*

　　　　3.1.1　溶媒和(水和)　*21*
　　　　3.1.2　ぬれ性　*22*
　3.2　粒子の帯電……………………………………………………………*26*
　　　　3.2.1　帯電機構　*26*
　　　　　　　金属酸化物(水酸化物)　　難溶解性イオン結晶
　　　　　　　解離基をもつ粒子　　格子欠陥
　　　　3.2.2　電気二重層　*28*
　　　　3.2.3　ゼータ電位測定　*30*
　　　　　　　電気泳動　　超音波による拡散層のひずみ(超音波法)
　3.3　界面活性剤の吸着……………………………………………………*32*
　　　　3.3.1　界面活性剤　*33*
　　　　3.3.2　吸着機構　*34*
　　　　3.3.3　吸着量の測定　*35*
　　　　3.3.4　アルミナ粒子とポリカルボン酸アンモニウムの
　　　　　　　吸脱着挙動　*36*
　　　　　　　吸着メカニズム　　Mg^{2+}の影響　　ゼータ電位

4　粒子間に働く力……………………………………………………………*49*

　4.1　DLVO　理　論……………………………………………………*49*
　　　　4.1.1　電気二重層ポテンシャル　*49*
　　　　4.1.2　ファンデルワースポテンシャル　*50*
　　　　4.1.3　全相互作用(DLVO理論)　*52*
　4.2　疎水性相互作用………………………………………………………*57*
　4.3　吸着高分子により生じる力…………………………………………*58*
　4.4　高分子枯渇相互作用…………………………………………………*60*
　4.5　粒子間力直接測定……………………………………………………*62*
　　　　4.5.1　表面間力測定装置(SFA)　*62*
　　　　4.5.2　原子間力顕微鏡(AFM)　*64*

5 粒子の分散・凝集 …………………………………………… 69

5.1 親液・疎液性（ぬれ性） ………………………………… 69
5.2 粒子の接近・衝突 ……………………………………… 70
5.2.1 粒子濃度　*70*
5.2.2 ブラウン凝集　*72*
5.2.3 沈降凝集　*74*
5.2.4 剪断凝集　*75*
5.3 凝集機構と凝集形態 …………………………………… 77
5.3.1 反発力が働かない場合（急速凝集）　*77*
5.3.2 反発力が働く場合（緩慢凝集）　*77*
　　　塩濃度の影響　イオン価数の影響（シュルツ・ハーディー則）
5.4 分散・凝集状態の評価 ………………………………… 84
5.4.1 濁度，透過光強度測定　*84*
5.4.2 粒子径分布測定　*84*
5.4.3 直接観察　*85*
　　　凍結乾燥法　その場固化法　スライドガラス法
5.4.4 浸透圧測定法　*90*

6 スラリーの流動特性 …………………………………………… 97

6.1 流動特性 ………………………………………………… 97
6.2 流動特性に影響を及ぼす諸因子 ……………………… *102*
6.2.1 粒子濃度　*102*
　　　希薄スラリー　濃厚スラリー
6.2.2 粒子径と粒子帯電の影響　*103*
6.2.3 分散剤添加の影響　*107*
6.2.4 経時変化　*110*
6.3 流動特性評価法 ………………………………………… *112*
6.3.1 共軸二重円筒形回転粘度計　*112*
6.3.2 円すい-平板形回転粘度計　*113*

6.3.3　単一円筒形回転粘度計（B 型粘度計）と振動粘度計　*114*
　6.4　流動特性と成形 …………………………………………………*118*

7　粒子の沈降・堆積挙動 …………………………………………*121*

　7.1　粒子の沈降挙動 ……………………………………………………*121*
　　　7.1.1　自由沈降　*121*
　　　7.1.2　水平方向の運動　*122*
　　　7.1.3　遠心力場における運動（遠心沈降）　*125*
　　　7.1.4　干渉沈降　*126*
　　　7.1.5　成相沈降・集合沈降　*127*
　　　7.1.6　回分沈降試験　*129*
　　　7.1.7　沈降パターンの観察例　*131*
　7.2　堆積層の固化 ………………………………………………………*139*

8　粒子の充填特性 …………………………………………………*147*

　8.1　回分沈降試験による評価・解析 …………………………………*147*
　　　8.1.1　目　視　*147*
　　　8.1.2　沈降静水圧法　*148*
　　　8.1.3　充填特性に及ぼす粒子間力の影響　*150*
　8.2　定圧沪過法による評価・解析 ……………………………………*157*
　8.3　流動特性と充填特性 ………………………………………………*162*

第Ⅱ編 成形プロセス

9 スラリー調製 ··· 169
  9.1 スラリー化 ·· 169
  9.2 均質化 ·· 170
  9.3 スラリー特性の最適化 ·· 172

10 多成分スラリーの評価 ··· 173
     スラリー調製　流動特性評価　充填特性評価
     粒子集合状態の推測

11 噴霧乾燥造粒 ··· 181
  11.1 顆粒の形態制御 ·· 181
  11.2 顆粒の特性評価 ·· 184
     11.2.1 圧縮・緩和試験　184
     11.2.2 摩損(アトリッション)試験　190

12 シート成形 ··· 193

13 碍子製造用杯土の可塑性最適化 ·· 199
     碍子原料調製・成形プロセス　杯土の評価
     杯土の可塑性最適化　スラリーの季節変化

第Ⅲ編　固液分離技術とその他の技術

14　沪過濃縮操作 …………………………… 205
- 14.1　DECAFFの誕生 …………………………… 205
- 14.2　濃　縮　限　界 …………………………… 208
- 14.3　目　詰　ま　り …………………………… 208
- 14.4　沪　過　機　構 …………………………… 211

15　ケミカルフリー造粒 …………………………… 219

16　沈降静水圧法による高濃度粒子径分布測定 …………………………… 225
- 16.1　測　定　原　理 …………………………… 225
- 16.2　高濃度スラリーの粒子径分布測定 …………………………… 227

17　粒子硬度評価 …………………………… 233

補遺：本書で多用されているアルミナ試料 …………………………… 239

お わ り に …………………………… 241

索　　　引 …………………………… 245

0
粉体工学とスラリー工学

　現在，粉体工学が対象としている粉体粒子の大きさは，図 0.1 に示すように数 nm から数 mm 程度で，そのうち実用に供され粉体技術の対象となっているのは数十 nm から数 mm 程度である．このように粒子の大きさが何桁も違えば，当然そのつくり方，粒子特性，粒子の運動や挙動を支配する因子も違ってくる．

　粒子のつくり方には，固体の塊を壊していく粉砕法と原子・分子から化学的あるいは物理化学的に粒子を合成する成長法があるが，両者の適用範囲は図 0.1 に示すように 10^0 μm オーダーのあたりで重なり合う．

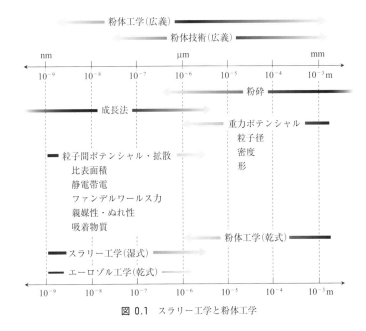

図 0.1　スラリー工学と粉体工学

粒子に作用する力には，体積に起因する体積力と表面に起因する粒子間力（表面力）がある．体積力は重力や慣性力として粒子の運動を支配するが，粒子間に働く力ではない．一方，ファンデルワールス力や静電気力に代表される表面力は，付着力・反発力として粒子間に働く力である．

体積力は粒子径の3乗に，粒子間力は1〜2乗に比例するので，図0.2に示すようにあるところで両者は交差するが，その粒子径も 10^0 μm オーダーのあたりである．つまり数 μm より大きい粒子では粒子間力が小さいため乾式で粉体操作できるが，数 μm より小さい粒子では粒子間力により粒子は凝集したり分散したり集合状態を変えるので，乾式で操作することは難しくなる．したがって，粒子の集合状態の制御が容易なスラリーとして操作することになる．また1個粒子の媒体中での運動には重力沈降と拡散があるが，これも 10^0 μm あたりを境にして，大粒子側では沈降が小粒子側では拡散挙動が支配的になる．

このように 10^0 μm あたりを境にして粒子の運動や挙動を支配する因子が大きく異なってくるので，着目すべき粒子特性も大粒子側では，大きさ，密度，形ぐらいでよかったものが，小粒子側では比表面積，帯電量，親媒性・ぬれ性，吸着物質・吸着状態なども考慮しなければならなくなる．

つまり粉体は，10^0 μm あたりを境にしてまったく異なる技術によって取り扱われていることがわかる．大粒子側の操作技術は粉体工学（狭義）として体系づけ

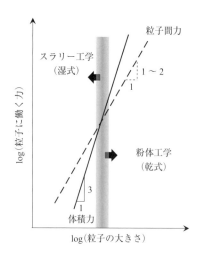

図 0.2　粒子に働く力

られているが，小粒子側の操作技術は体系づけられることなく勘と経験に頼らざるを得ない状態である．本書は，この小粒子側の操作技術をスラリー工学と称し体系化を試みるものである．

　本書では，微粒子をスラリー化して成形したのち乾燥，あるいはさらに焼成して得られる材料を粒子状材料と定義し，その製造プロセスで取り扱われる水系スラリーを対象としているが，非水系スラリーでも基本的考え方は同じなので，十分お役に立てるものと思う．

第Ⅰ編　スラリー特性とその評価

　第Ⅰ編では，まず1章でスラリー工学の現状と課題を概観し各論に入る．2章でスラリー挙動に影響を及ぼす粒子特性を，3章で粒子と媒液界面の状態について，4章では粒子/液界面の状態によって誘起される粒子間に働く力を説明し，5章では粒子間力によって支配される粒子の分散・凝集挙動を取り上げ，6章では分散・凝集状態が支配的影響を及ぼす流動特性について説明する．7章では静止流体中における粒子の挙動を取り上げ，8章ではスラリー中粒子の充填特性の評価法を紹介する．

1

スラリー工学の現状と課題

本章では,微粒子はなぜ乾式ではなく湿式のスラリーとして扱われ,そのスラリーの挙動はなぜ複雑なのかについて概説し,次いで問題を解決するための考え方と評価すべきスラリー特性について述べる.

1.1 微粒子はなぜスラリーとして扱われるか

粒子状材料製造においては,原料か中間品がスラリーとして取り扱われ,最終製品はスラリーから液が除かれて乾燥されたものか,さらに焼成されたものである.微粒子を乾式で取り扱うことができれば,脱液・乾燥の工程は不要となり,工程を短縮できるだけでなく省エネも図れるため,現行のプロセスより優れたプロセスとなるはずである.しかし現実のプロセスはすべて湿式であるのはなぜか.

最大の理由は,成形体密度(充填率)を上げるためである.粒子が同じであれば,成形体充填率は粒子間力によって決まる.図1.1で,粒子の沈降によって形成される堆積層の充填率を考えてみる.すでに堆積している粒子に別の粒子が沈降接触した場合,粒子間に強い引力が働いていれば幾何学的に不安定でも,引力に

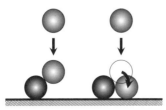

(a) 引力　　(b) 反発力　　図 1.1　粒子間力と充填率

よってその位置に止まることができる．一方，粒子間に反発力が働いている場合，接触位置に止まることはできず幾何学的に安定な位置まで転がって静止するため，堆積層の充填率は高くなる．したがって成形体の充填率を上げるためには，粒子間には常に十分な反発力が作用していなければならない．

物質間に必ず作用するファンデルワールス力は，同種の粒子間では常に引力として働いていて[1]，反発力は，粒子の帯電による静電気力などにより発現される．この粒子の帯電状態を乾式で制御することは実際上不可能であるため，乾式で粒子を密に充填することはできず，充填率を上げるためには粒子間力の制御が可能な湿式(スラリー)にせざるを得ない．

粒子間に十分な反発力が働いていれば，高濃度スラリーであっても高い流動性を保つことができる．したがって，塗膜，鋳込み，噴霧造粒などの操作により形状付与(成形)が可能となる．

ガラスや金属など溶融工程を経て製品となる材料では，原料の仕込み比を正確に制御しておけば，溶融状態での分子拡散によって均質化が図られるが，溶融工程を含まないプロセスで均質な製品を得るためには，原料粒子を一次粒子単位でよく分散し，混合・撹拌しなければならない．粒子間に十分な反発力を働かせれば，より一次粒子に近い状態での撹拌・混合が可能となる．

1.2 スラリーの挙動はなぜ複雑か

静止流体中で粒子を取り扱う場合を考えてみる．乾式で取り扱われる粒子は空気中で懸濁状態を保つことができないため，粒子が沈降・堆積した状態である粉体として取り扱われる．粉体ではすべての粒子が他の粒子に接触しているので，粉体は一つの凝集体と考えることができ，その状態は充填率(粒子体積濃度)と配位数で記述できる．

一方液中では，スラリー調製後粒子は最終的にすべて沈降して堆積層を形成するが，それまでは粒子はさまざまな懸濁状態で存在するため，粒子濃度だけでスラリーの状態を記述することはできない．つまりスラリーでは，豆乳と豆腐のように粒子濃度が同じでも，液体から固体までさまざまな状態をとり得る．

さらに多成分スラリーになると粒子の集合状態はより複雑になる．リチウムイ

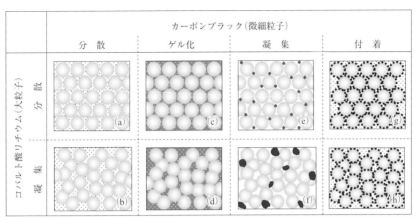

図 1.2 リチウムイオン電池正極用スラリー中の粒子集合状態
［田中達也, 浅井一輝, 森隆昌, 椿淳一郎：粉体工学会誌, **48**, 761-767 (2011)］

オン電池の正極は粒子径比が大きく異なる2成分スラリーから製造されるが，このような場合は図1.2に示すように，典型的な粒子集合状態だけでも8とおり考えられる．さらに成分が増えたり組成も異なったりすると，分類すら実質上不可能になる．

　粒子濃度が同じでも粒子の存在状態がさまざまに変化するのは，第一に粒子間力が変化するためである．粒子間力は，粒子と媒液との親和性，粒子の帯電状態，粒子表面の吸着物質・吸着状態によって決められるが，単純な水系スラリーを除いて粒子間力の発現機構は十分に解明されていない．

　スラリー中にごく微量含まれている物質でも粒子表面に選択的に吸着することで，粒子間力に決定的な影響を及ぼすことも珍しくない．

　粒子間力を制御するためにpH調整や界面活性剤の添加などが行われるが，添加物が粒子表面に吸着し平衡状態に達するまで時間がかかり，また温度によって平衡状態も変化する．粒子も拡散や沈降速度差によって絶えず衝突を繰り返しているので，懸濁している粒子は複雑な非定常状態にあるといえる．

　このように粒子間力を支配している因子が未解明なものも含めて非常に多いうえに，それぞれの因子が独立でなく相互に影響しあうこともあるため，理論的に最適スラリー条件を決定することは不可能で，いまだに試行錯誤に頼らざるを得ないのが現状である．

1.3 問題解決の道筋

体積を測るより質量を測るほうがはるかに容易であるため,濃度は質量基準で表されることが多いが,スラリー挙動を考えるときには,質量濃度でなく体積濃度(充填率)で考えることが大切である.図0.2に示したように,スラリー中で粒子の挙動を支配するのは体積力ではなく粒子間力である.粒子間力は粒子表面間距離の関数となるが,質量濃度では濃度が同じでも粒子密度が異なれば粒子表面間距離も異なってくる.しかし,体積濃度であれば粒子密度に関係なく濃度と粒子表面間距離とが1対1に対応するから,スラリー挙動を考察する場合は体積濃度で考える必要がある.

スラリー中粒子の体積分率 ϕ_V [—]と質量分率 ϕ_M [—]は,粒子密度を ρ_p [kg·m^{-3}],媒液の密度を ρ_l [kg·m^{-3}]とすると,次式で換算される.

$$\phi_V = \frac{\rho_l \phi_M}{\rho_p - (\rho_p - \rho_l)\phi_M} \tag{1.1}$$

$$\phi_M = \frac{\rho_p \phi_V}{\rho_l + (\rho_p - \rho_l)\phi_V} \tag{1.2}$$

スラリー条件の最適化にとってまず重要なのは,期待する機能を発現するための理想的集合構造をイメージすることである.図1.2に示したリチウムイオン電池正極を例にとると,電池の容量を考えれば大きな球(コバルト酸リチウム)の充填率をできるだけ高くしたい.電子のやり取りを速やかに行うためには,3列目(e),(f)の構造は最悪で,できるだけ4列目(g),(h)の構造に近づけたい.その際,粒子径や成形体の大きさなどを実寸比でイメージすることが大切である.もし,図1.2で,カーボンブラックを点ではなく小さな球として描き表すと,大小粒子の充填構造しかイメージできなくなる.

また粒子濃度も実際に合わせてイメージすることが必要である.例えばチョコレートの構造は,図1.3[2)]に示すように油脂であるココアバターの中に,粒子であるカカオマス,砂糖,粉乳が浮いているように描いてある.口融けやハンドリングに影響するチョコレートの流動性を改良しようとこのモデル図を参考にすると,当然連続相である油脂に着目することになる.しかし実際のチョコレート内

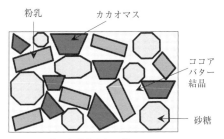

図 1.3 通常の解説書などで描かれているチョコレート構造図［化学工学会高校生向け WEB 教材（夢・化学 21 コンテンツ）：
http://www.scej.org/wmp/pc/chocolate/1/choco.html］

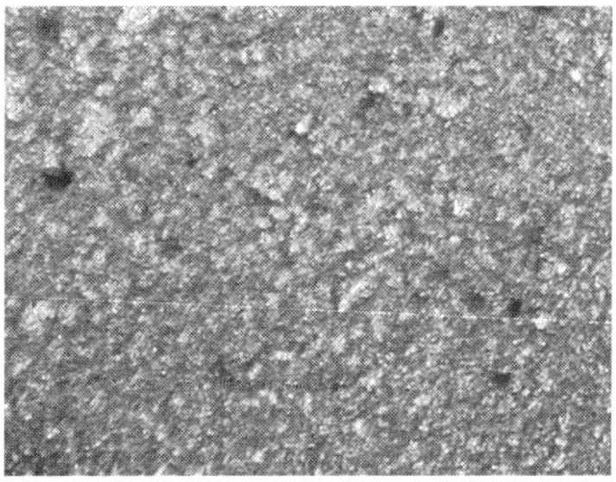

図 1.4 融解チョコレートの構造

部は，図 1.4 に示すようにカカオマスなどの粒子がぎっしり詰まった状態（充填率＞0.5）である．この写真を見て，融けたチョコレートの流動性を改良しようとすれば，粒子接触点での摩擦挙動に着目するであろう．このように幾何学的寸法比や充填率を正しくイメージすることで，複雑な現象を解き明かし問題を解決するための大きな方向性が得られる．

　問題解決の方向性が得られたら，次はそれをどう実現するかである．リチウムイオン電池の例で，図 1.2 の 4 列目（g），（h）の粒子集合状態を実現しようと思ったら，カーボンブラック同士の凝集を抑え，カーボンブラック粒子とコバルト酸リチウム粒子の間には引力が働くような条件を，溶媒や添加剤を選択することによって整えてやればよいことになる．チョコレートの流動性の場合は，潤滑効果のある物質を添加し接触点での摩擦係数を下げることが考えられる．

　いずれにしても，目的とする機能が発揮できる理想の粒子集合状態をできるだけ具体的にイメージすることが大事で，次に理想の粒子集合状態であればスラリーはどのような挙動をとるか考察することが大切である．スラリー条件の最適化で試行錯誤は避けられないが，理想の粒子集合状態のイメージが明確であれば少ない試行錯誤で最適化が可能になる．

1.4　粒子状材料製造プロセスで重要な評価項目

　粒子をスラリーとして取り扱うのは，できるだけ高濃度の状態で形状を付与す

図 1.5 粒子状材料製造プロセスと着目すべきスラリー特性

るためである.したがって図1.5に示すように,形状付与までのプロセスでは流動特性が最も大切なスラリー特性である.しかし形状付与後はスラリーが流動することはまずないので,流動特性はもはや重要な特性ではなく,スラリーが濃縮され脱水・乾燥する過程での粒子の充填特性が重要になる.また多くの場合スラリーは単一成分ではなく,大きさや形,組成の異なる粉体を含んでいる.したがって,多成分の粒子が互いに独立に分散しているのかあるいは凝集しているのか,あるいは大粒子に微粒子が吸着しているのかなど,成分粒子それぞれの集合状態も,最終製品の特性に重大な影響を及ぼすので,重要な評価項目である.

　スラリーの流動性評価は6章,充填特性は8章で説明する.粒子集合状態の評価に特化された評価法はないので,さまざまなスラリー挙動から推測しなければならない.10章でリチウム電池の正極スラリーの例を紹介する.

引用文献

1) J. N. イスラエルアチヴィリ 著,大島広行 訳:"分子間力と表面張力 第3版",p.218,朝倉書店(2013).
2) 化学工学会高校生向けWEB教材(夢・化学21コンテンツ):"チョコレート―そのおいしさを科学する―",http://www.scej.org/wmp/pc/chocolate/1/choco.html

2 粒 子 特 性

スラリーとして取り扱われるような微細粒子では，粒子間引力が強く凝集体として挙動することがほとんどであるため，粒子の定義を少し厳密にしておく必要がある．一次粒子と単一粒子が最小単位の粒子として定義される．一次粒子は「粒子を構成する分子間の結合が連続で界面を有するもの」[1]と定義され，単結晶粒子などが一次粒子の例である．単一粒子は粒子挙動の最小単位であればよく，一次粒子が焼結などにより固く凝集している二次粒子でも構わない[2]．凝集粒子は単一粒子が粒子間力により寄り集まったもので，置かれた環境により大きさや構造を変え，二次粒子，三次粒子などとよばれる．

本章では，単一粒子の特性について説明し，凝集粒子については5章で凝集機構も含めて説明する．

2.1 粒子径，比表面積，密度

2.1.1 粒 子 径

一般に粒子の形は物質特有の特徴はあるものの相似性はほとんどないので，粒子の大きさの決め方にはさまざまな定義（代表粒子径）があり，それに対応した測定法がある．しかしスラリー操作の分野で用いられている測定法は，レーザー回折・散乱法（光散乱相当径），動的光散乱法（拡散相当径）と沈降法（沈降相当径）がほとんどなので，本書ではこれらの測定法についてだけ説明する．

レーザー回折・散乱法：　大気中に浮遊する水滴やほこりに光があたると光は散乱するが，光の散乱パターンは図2.1に示すように，粒子の大きさによって異なる．レーザー回折・散乱法では，散乱パターンから粒子の大きさを識別し，散

(a) フラウンホーファー回折(数 μm〜)

(b) ミー散乱(数十 nm〜数 μm)

(c) レイリー散乱(〜数十 nm)

図 2.1 粒子による光の散乱パターン
[T. Allen: "Particle Size Measurement 3rd ed.", p.160, Chapman and Hall (1981)]

乱光の強度から粒子の数を識別している．この方法で測定される粒子径は，測定された散乱パターンに最も近い散乱パターンを与える粒子と同じ屈折率をもつ球の直径(光散乱相当径)として定義される．

　粒子径が mm から数 μm のオーダーでは，散乱現象は幾何光学的なフラウンホーファー回折現象としてとらえられ，狭い角度で前方にのみ散乱される．粒子径が数 μm から数十 nm のオーダーでは，光は粒子が小さくなるにつれ側方にも散乱されるようになり，複雑な散乱パターンを描く(ミー散乱)．粒子径が数十 nm より小さくなると，光は全方向に点対称状に散乱され，その強度分布は繭玉状になる(レイリー散乱)．この領域では散乱パターン(繭玉の形)が粒子径によって変化せず，粒子が大きくなっても粒子の数が増えても繭玉の大きさが変わるだけなので，ただ単に散乱光の強度分布を測定するだけでは粒子径の識別はできず，数十 nm がこの測定法の下限となる．

　この方法は測定可能範囲が広く，再現性がよく，測定時間が短く，操作が簡単，測定の自動化が容易であることなどにより，粒子径分布の測定に最も多く用いられている．しかし，装置によって一次情報(散乱光強度パターン)の取り方，一次情報を粒子径分布に変換するアルゴリズムが異なるため，装置間の差が小さくない．

　動的光散乱法(DLS：dynamic light scattering)： 粒子径が数 μm より小さくなるあたりから，粒子は液中でブラウン拡散とよばれるランダムな動きをするようになる．このランダム運動のために，図 2.2 に示すように粒子によって散乱され

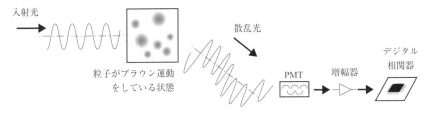

図 2.2 粒子の拡散運動による散乱光強度のゆらぎ
[HORIBA:"ナノ粒子解析装置 nano partica sz-100 シリーズ" カタログ No.HRA-3677C]

る光の強度にゆらぎを生じる．このゆらぎは粒子の拡散運動に起因するので，ゆらぎから拡散係数を求め，粒子径を求める．この方法で測定される粒子径は，測定された拡散係数と同じ拡散係数をもち，測定粒子と同じ屈折率をもつ球の直径（拡散相当径）として定義される．測定範囲は nm から μm オーダーであり，レーザー回折・散乱法でカバーできない微粒子の測定に広く用いられている．本測定法で分布の広い粒子粉体を測定すると，多成分粒子のように測定されることがあるので，本測定法の適用は最大粒子径と最小粒子径の比が 1 桁を超えない程度の粒子に限定される．

沈降法: この方法で測定される代表粒子径は，その粒子と同じ沈降速度をもつその粒子と同密度の球の直径で，この代表粒子径は等沈降速度相当径もしくはストークス(Stokes)径，沈降径などとよばれる．液中での沈降速度から定義される代表粒子径なので，スラリー挙動の解析には最も有効な代表粒子径である．

図 2.3 に示すように，鉛直容器に粒子濃度 C_0 のスラリーを入れ，よく撹拌後に静置し，深さ h [m] の位置で粒子濃度を測定する．静置直後の測定位置の濃度は C_0 であるが時間とともに濃度は低下し，沈降開始 t [s] 時間後に測定位置に存在するのは沈降速度が h/t より小さな粒子だけになり，その粒子径 x [m] は，粒子，液の密度をそれぞれ ρ_p, ρ_l [kg·m^{-3}]，液の粘度を μ [Pa·s] とすると次式から計算できる．

$$x = \sqrt{\frac{18\mu}{(\rho_p - \rho_l)g} \frac{h}{t}} \tag{2.1}$$

そのときの濃度を C とすると，粒子径が x より小さい粒子の存在割合は C/C_0 となるので，ある深さで粒子濃度の経時変化を測定すれば粒子径分布を求めるこ

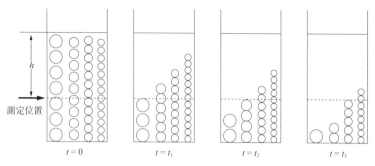

図 2.3 沈降法による粒子径分布測定原理
[T. Allen: "Particle Size Measurement 3rd ed.", p.160, Chapman and Hall(1981)]

とができる．

　沈降法は粒子量の量り方によって，さらにいくつかの方法に細分化される．ピペット法，比重法，圧力法など粒子質量に直接関係する物理量により濃度を測定する方法は，時間がかかるが測定精度は高い．間接的に粒子量を測る方法としては，電磁波の減衰量から粒子量を非接触で測定する光透過法とX線透過法がある．光は粒子の断面積で遮られるため光の減衰量は粒子姿勢の影響を受ける．それに対して，X線は粒子体積で遮られるため粒子姿勢の影響を受けることなく，減衰量は粒子濃度だけで決まるので，測定開始時に液の乱れが残っていても測定精度が高い．

　その他の測定方法などに関しては，成書に詳しいので参照されたい[3,4]．

2.1.2 比表面積，密度

比表面積： スラリー挙動は粒子表面の吸着物に大きく左右されるので，比表面積は重要な粒子特性である．粒子の比表面積には，粒子表面積/粒子体積と定義される体積基準比表面積 S_V [m^{-1}] と，粒子表面積/粒子質量と定義される質量基準比表面積 S_M [m^2·kg^{-1}] があり，両者は粒子密度 ρ_p [kg·m^{-3}] によって次のように関係づけられる．

$$S_V = \rho_p S_M \tag{2.2}$$

比表面積の測定に用いられる汎用の測定法は空気透過法と気体吸着法であるが，

空気透過法の測定下限粒子径が数 μm であるので，スラリーとして取り扱われるような粒子の比表面積は気体吸着法によって測定される．

気体吸着法では，粒子の表面に不活性気体分子（一般にはN_2）を1層だけ吸着させ，単層吸着分子の数に分子1個あたりの占有面積を掛けて表面積を求める．単層吸着量を求めるのに，BET（Brunauer, Emmett, Teller）式を使うので BET 法ともよばれる．

粒子が直径 x [m] の球もしくは一辺が x [m] の立方体の場合，次の関係式が成り立つ．

$$x = \frac{6}{S_V} = \frac{6}{\rho_p S_M} \tag{2.3}$$

式 (2.3) で求められる粒子径は，その粒子と同じ比表面積をもつ球の直径で，比表面積相当径や比表面積径とよばれる．

図 2.4 に示すような一次粒子が強く凝集した単一粒子の場合，気体分子は粒子の内部まで拡散して吸着するので，測定される比表面積は一次粒子の比表面積にほぼ等しくなり，比表面積相当径も一次粒子径にほぼ等しくなる．しかし，このような粒子の沈降相当径は明らかに一次粒子径より大きくなるので，比表面積相当径と沈降相当径など測定原理の異なる代表粒子径との比をとれば，粒子の構造をある程度知ることができる．凝集粒子に限らず，シリカゲルや活性炭粒子などの多孔質粒子でも，比表面積相当径は他の代表粒子径よりかなり小さくなる．

密度： 図 2.5 に粒子密度の概念図を示した．欠陥のない一次粒子の密度は粒子物質の密度で真密度とよばれ，内部に閉じた欠陥がある場合は粒子密度とよばれる．一次粒子が強く凝集した単一粒子では，凝集粒子内部の液が粒子の一部と

図 2.4 一次粒子が強く凝集した単一粒子

欠陥のない一次粒子
真密度

内部欠陥のある一次粒子
粒子密度

強く凝集した一次粒子
見かけ密度

図 2.5 単一粒子の構造と密度

して挙動する場合は粒子とみなされ，見かけ密度とよばれる．

2.2 粒子径分布，粒子構造

粒子径分布の表示法は，JIS Z-8819-1「粒子径測定結果の表現—第1部：図示方法」に定められているし，粉体工学関係の教科書には必ず記載されているので，ここでは粒子径分布とスラリー挙動の関係について説明する．

ある粉体の粒子径分布を知るということは，着目している大きさの粒子が粉体の中にどれだけの割合を占めているかを知ることである．粉体・粒子の量を質量で表せば質量基準粒子径分布，個数で表せば個数基準粒子径分布とよばれるが，ほとんどの場合質量基準で表示されており個数基準はまれである．

粒子径分布を定量的に表すには，粒子の代表的な大きさを表す指標と分布の広がりを表す指標の二つが必要である．大きさを表す指標としては50%粒子径が広く用いられている．一般にa％粒子径とは，その粒子径よりも小さな粒子の量が全体のa％になる粒子径のことである．分布の広がりは粒子径の標準偏差や，例えば80%粒子径/20%粒子径などの粒子径比によって表されている．

一般に粉体はまず質量基準の50%粒子径によって特徴づけられ，分布の広がりまで意識されることは少ない．一方，スラリーの挙動には粒子個数や表面積が大きく影響を及ぼし，粒子個数や表面積は，50%粒子径が同じでも分布の広がりの影響を強く受けるので，その影響を把握しておくことも重要である．

質量基準の粒子径分布が以下の対数正規分布（粒子径の対数値が正規分布）で表される場合を考える．

$$Q_3(x) = \int_0^x \frac{1}{\sqrt{2\pi}\ln \sigma_g} \exp\left\{-\frac{(\ln x - \ln x_{50})^2}{2\ln^2 \sigma_g}\right\} d\ln x \tag{2.4}$$

ここで，$Q_3(x)$ [―] は粒子径xより小さい粒子の質量割合，x_{50}は50%粒子径，σ_g [―] は分布の広がりを表す幾何標準偏差で，$x_{84}/x_{50} = x_{50}/x_{16}$で求められる．図2.6に$x_{50} = 1.0$ μmの粒子径分布を示した．

対数正規分布の場合，x_{50}とσ_gが与えられると粉体の比表面積S_V [m^{-1}] や粉体中の固体体積がV [m^3] のときの粒子数N [―] が次式[6]によって計算される．

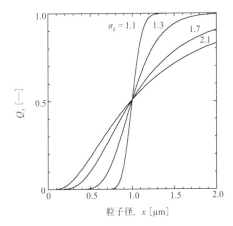

図 2.6 50%粒子径が 1.0 μm の粒子径分布

$$S_V = \frac{6}{\exp(\ln x_{50} - 0.5 \ln^2 \sigma_g)} \tag{2.5}$$

$$N = \frac{6V}{\pi \exp(3 \ln x_{50} - 4.5 \ln^2 \sigma_g)} \tag{2.6}$$

また,質量基準分布を個数基準分布に換算しても幾何標準偏差は同じで,個数基準の 50%粒子径 x_{N50} は次式[5]で計算される.

$$x_{N50} = x_{50} \exp(-3 \ln^2 \sigma_g) \tag{2.7}$$

$V = 1\,\mathrm{m}^3$ のときの式(2.4),(2.5),(2.6)の計算結果は図 2.7 となる.図 2.6 の質量基準分布を個数基準分布に換算すると図 2.8 になる.

図から明らかなとおり,x_{50} は同じでも分布が広くなると粒子個数,特に小さい粒子(図 2.8)は増えていくのでより凝集しやすくなる.また小さな粒子が増える分,比表面積も大きくなるので,分散剤の最適添加量も変わってくる.ただ,図 2.9 に示したチタニア(TiO_2)粒子のように一次粒子が強く凝集した単一粒子の場合,気体吸着法によって測定される比表面積は単一粒子の大きさによらず一次粒子の比表面積になるので,図 2.7 のような変化はしない.このように,粒子径と比表面積の関係は単一粒子の構造に依存するので,図 2.9 のように走査電子顕微鏡(SEM)観察をするか,比表面積径と他の代表粒子径を比較することは大事である.

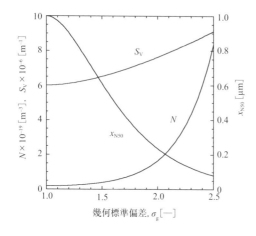

図 2.7　$x_{50}=1.0\ \mu m$，粒子固体体積 1 m³の比表面積，粒子数，個数基準50%粒子径

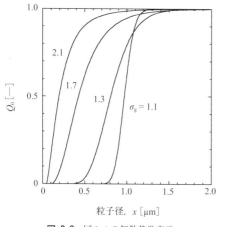

図 2.8　図2.6の個数基準表示

図 2.9　TiO_2の単一粒子

引用文献

1) 粉体工学会編："粉体工学用語辞典　第2版", p.14, 日刊工業新聞社(1981).
2) 同上, p.204
3) 椿淳一郎, 早川修："現場で役立つ　粒子径計測技術", 日刊工業新聞社(2001). (本書は絶版になっているが, こな椿ラボのHPから無料で全ページダウンロード可)
4) 椿淳一郎, 鈴木道隆, 神田良照："入門 粒子・粉体工学", 日刊工業新聞社(2002).
5) T. Allen: "Particle Size Measurement 3rd ed.", p. 160, Chapman and Hall(1981).

3 粒子と媒液の界面

スラリー中の粒子挙動を支配するのは，図 0.1，図 0.2 に示したように体積力ではなく粒子間力(表面力)である．この粒子間力は，粒子と媒液の界面現象によって決定されるので，本章では，まず粒子と媒液の親和性とぬれ(濡)性について説明し，次いで水系スラリーで特に重要となる粒子の帯電について説明し，最後に分散剤として用いられる界面活性剤の吸着挙動について説明する．

3.1 粒子と媒液の親和性

3.1.1 溶媒和(水和)

粒子と親和性が高い媒液分子は，溶媒和により粒子表面を包み込んでしまう．粒子の表面は媒液分子になるので，粒子は媒液の中で違和感なく振る舞うことができるだけでなく，粒子が接近衝突しても溶媒和している媒液分子が妨げとなり凝集することはない．このような粒子は親液粒子とよばれる．それに対して，粒子表面に媒液分子の溶媒和層が形成されない粒子は疎液粒子とよばれ，媒液よりも親和性の高い界面，例えば他の粒子や容器壁に接するとそこに付着してしまう．粒子間に引力が働いていれば，粒子の凝集は進行していく．

水系スラリーの場合，溶媒和は水和とよばれ，親液粒子は親水粒子，疎液粒子は疎水粒子とよばれる．水分子は極性(電荷の偏り)をもち，また水素結合で弱く結合しているので，水との親和性は粒子の極性と水素結合のつくりやすさで決まってくる．デンプン，ショ糖，タンパク質などのように，静電的相互作用や水素結合などによって水分子と弱い結合をつくるヒドロキシ基-OH，カルボキシ基-COOH，アミノ基-NH_2 などの親水基を多くもつ粒子は水と容易に水和し[1]，親

水粒子とよばれる．一方，工業材料として用いられる粒子のほとんどは水和せず，疎水粒子に分類される．

疎水粒子でも，極性も高く表面に-OH基を吸着している金属や金属酸化物などでは，水和しなくともそれなりの親水性がある．それに対して，共有結合やファンデルワールス結合をしている極性の低いグラファイトや高分子化合物では親水性は著しく低くなる．

粒子と媒液が互いに接触する前の表面エネルギーをそれぞれ E_S, E_L，接触後の界面エネルギーを $E_{S/L}$ とすると，媒液を粒子表面から引き離す仕事量 W は $(E_S + E_L) - E_{S/L}$ となるので[2)]，親和性が高いほど引き離す仕事量は大きくなる．$W > 0$ となる場合，粒子はその媒液に対して親液性疎液粒子として振る舞い，$W < 0$ の場合は疎液性疎液粒子として振る舞う．親液粒子では粒子と媒液は溶媒和するので，W は疎液粒子に比べて大きくなる．

粒子と媒液の親和性は，粒子と媒液の接触前後の表面(界面)エネルギー変化として表れるので，その表面(界面)エネルギー変化を測定できれば，粒子と媒液の親和性を評価できることになる．表面エネルギーの単位は $[J \cdot m^{-2}]$ であるが，$[J] = [N \cdot m]$ より $[J \cdot m^{-2}] = [N \cdot m^{-1}]$ となるので，接触前後の表面(界面)張力変化を測定すれば，粒子と媒液の親和性を評価できることになる．

3.1.2 ぬれ性

平らな固体表面に液体を1滴置いたとき，液体が一様に広がる表面をぬれやすい表面といい，これに対して液滴が広がらずに滴として残る表面をぬれにくい表面という．液滴は，ぬれやすい表面上では図3.1(a)に示すように扁平になり，ぬれにくい表面上では球に近い形になる(図(b))．図中の θ を接触角とよび，固体のぬれ性を表す．$\theta < 90°$ となる固体表面は親液性，$\theta > 90°$ となる固体表面を疎液性とよぶ．媒液が水の場合は，親水性，疎水性もしくは撥水性とよばれる．図3.1において固体と液体の表面張力を γ_S, γ_L $[N \cdot m^{-1}]$，固体-液体間の界面張力を $\gamma_{S/L}$ $[N \cdot m^{-1}]$ とすると，固体-液体-気体の接触点においては次式に示す力の釣り合いが成立する．これをヤング(Young)の式という．

$$\gamma_S - \gamma_{S/L} = \gamma_L \cos \theta \tag{3.1}$$

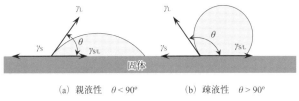

(a) 親液性　$\theta < 90°$　　(b) 疎液性　$\theta > 90°$

図 3.1 ぬれ性の定義

固体の表面張力が媒液と接触することにより低下($\gamma_S - \gamma_{S/L} > 0$)する場合はぬれやすく $\theta < 90°$ となるが，増加($\gamma_S - \gamma_{S/L} < 0$)する場合はぬれにくく $\theta > 90°$ となる．

以上より，粒子は媒液との親和性によって，図3.2に示すように三つに分類される．

バルク固体の場合，その表面に図3.1に示すような液滴を置いて接触角を測ることは可能であるが，粒子においては不可能なので，粒子のぬれ性は図3.3に示す毛管現象を利用して評価される．いま，毛細管の直径を d [m]，液に浸されている部分の長さを l [m]，液の密度を ρ_l [kg·m^{-3}]，粘度を μ [Pa·s]，毛管上昇高さを h [m]，上昇速度を $\dot{h}$ [m·s^{-1}] とし上方向を正にとると，次の運動方程式が成り立つ．

$$\pi d \gamma_L \cos \theta = \frac{\pi d^2}{4} \rho_l g h + 8\pi \mu \dot{h}(h+l) \tag{3.2}$$

式(3.2)で，左辺は毛管上昇力，右辺第一項は上昇液の自重による力で第二項は流動抵抗である．

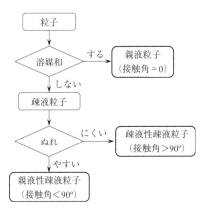

図 3.2 分散媒との親和性による粒子の分類

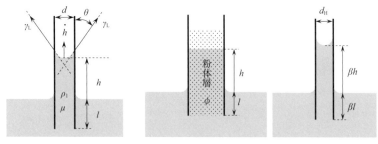

図 3.3　毛管現象　　　　　図 3.4　粉体層と等価な毛細管

次に図 3.4 に示すように，充填率 ϕ [—] の粉体層を毛細管の束に置き換えると，式 (3.2) 中の毛細管の直径 d は次式で定義される動水直径 d_H [m] で与えられる．なお粒子充填率は，粉体層中の粒子体積/粉体層の見かけ体積として定義される．

$$d_H = \frac{4(1-\phi)}{\phi S_V} = \frac{2(1-\phi)x}{3\phi} \tag{3.3}$$

ここで，S_V [m^{-1}] は体積基準の比表面積，x [m] は粒子の形を球と仮定したときの直径で，$S_V = 6/x$ の関係がある．また粉体層内の流路は屈曲しているので，毛細管内の流動を考えるときは毛細管の長さを屈曲率(ねじり率)β [—] で補正する必要があり，式 (3.2) は次式となる．

$$d_H \gamma_L \cos\theta = \frac{d_H^2}{4}\rho_l g h + 8\mu\beta^2 \dot{h}(h+l) \tag{3.4}$$

$2\beta^2$ はコゼニー (Kozeny) 定数とよばれ，その値に 5 が広く用いられているので[3]，接触角は次式で与えられる．

$$\cos\theta = \frac{d_H^2 \rho_l g h + 80\mu\dot{h}(h+l)}{4 d_H \gamma_L} \tag{3.5}$$

平衡に達したのちは $\dot{h}=0$ なので，平衡時の毛管上昇高さを h_∞ とすると式 (3.5) は次式となる．

$$h_\infty = \frac{4\gamma_L \cos\theta}{d_H \rho_l g} \tag{3.6}$$

親液性の場合，$\cos\theta > 0$ なので $h_\infty > 0$ となり毛細管内の液は上昇するが，疎液性の場合は $\cos\theta < 0$ となり液は降下する．つまり，親液性の場合は固液間に引力が働き，疎液性の場合は反発力が働く．

式(3.3)を図示すると図3.5となる．いま数μm球粒子を例にとると，その充填層の動水直径も図3.5より数μm程度になる．それで，20℃の水を想定し$\cos\theta=1$, $l=0$として毛管上昇高さの経時変化を式(3.4)を用いて計算してみると図3.6となり，平衡に達するまでは数日以上の時間を必要とすることがわかる．このように平衡に達するまで時間がかかる場合は，ある液面変位でhと$\dot{h}=\Delta h/\Delta t$を測定すれば式(3.5)より接触角を求めることができる．

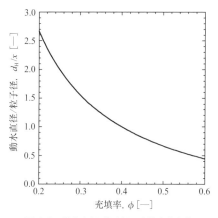

図3.5 動水直径/粒子径の充填率依存性

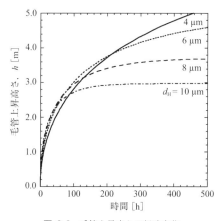

図3.6 毛管上昇高さの経時変化

3.2 粒子の帯電

3.2.1 帯電機構

水中にある粒子は表 3.1[4)]に示すように帯電していることが多く，その帯電機構は次のように分類されている．

金属酸化物（水酸化物）： 水中においては，金属酸化物 MO の金属原子 M には OH^- が，酸素原子 O には H^+ が水和して，金属酸化物粒子は M-OH と O-H の状態で水と接している．水中の H^+ 濃度が OH^- 濃度より高い（低 pH）場合は，過剰の H^+ が-OH 基に吸着し粒子は正に帯電する．それに対し高 pH では，過剰な OH^- により H^+ の離脱が起こり，負に帯電する．

低 pH：M-OH + H^+ → M-OH_2^+

高 pH：M-OH + OH^- → M-O^- + H_2O

したがって，金属酸化物粒子の帯電量は粒子を懸濁している水の pH に依存する．電荷量がゼロになる pH を電荷ゼロ点（PZC：point of zero charge）とよび，粒子に H^+，OH^- 以外のイオンが吸着していなければ電荷ゼロ点で電位もゼロとなるので，等電点（IEP：isoelectric point）ともよばれる．

H^+ と OH^- の吸着には，図 3.7[5)]に示すように酸化物粒子の金属イオン電気陰性度 χ_i [—]が大きく影響する．χ_i は金属イオンの価数 Z [—]とポーリング（Paul-

表 3.1 水中における粒子のゼータ電位測定例（pH に依存）

粒 子	ゼータ電位[mV]
コロイド状鉛	−18
水酸化鉄(Ⅲ)	−44
白金ゾル	−44
石英粒子	−44
粘土のサスペンション	−48.8
パラフィン粒子	−57.4
コロイド状金	−58
α-Al_2O_3	+48
SiO_2	−47

［近澤正敏，田嶋和夫："界面化学"，p.46，丸善(2001)］

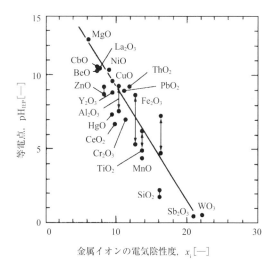

図 3.7 等電点と金属イオンの電気陰性度
[Tanaka, K. and A. Ozaki: *J. Catal.*, **8**, 1-7(1967)]

ing)の電気陰性度 χ_p [—]から次式[5]で与えられる.

$$\chi_i = (1+2Z)\chi_p \tag{3.7}$$

図 3.7 から等電点 pH_{IEP} と χ_i の関係を読み取ると次式となる.

$$pH_{IEP} = -0.83\chi_i + 18.3 \tag{3.8}$$

難溶解性イオン結晶: 例として AgI, $BaSO_4$, $CaCO_3$ が挙げられる. 粒子懸濁液中の I^- イオンは AgI の Ag 原子に吸着し粒子を負に帯電させ, Ag^+ イオンは I 原子に吸着して正に帯電させる. スラリー中の I^-, Ag^+ イオンが同数であれば粒子は帯電しないが, イオン数で $I^- > Ag^+$ の場合は負に, $I^- < Ag^+$ の場合は正に帯電する. このように粒子の電位を決定するイオンは電位決定イオンとよばれる.

解離基をもつ粒子: 表面に解離しやすい官能基をもつ粒子で, カーボンブラック, パラフィン, タンパク質などが例として挙げられる. 例えば粒子表面のカルボキシ基(-COOH)は水中で解離して $-COO^-$ となるため粒子は負に帯電する. 一方アミノ基($-NH_2$)の場合は解離して $-NH_3^+$ となるため粒子は正に帯電する.

格子欠陥： 例えば層状ケイ酸塩である粘土粒子は，イオン半径の近い Al^{3+} が Si^{4+} に置き換わることにより負に帯電している．

3.2.2 電気二重層

帯電粒子は，媒液中の反対符号のイオン(対イオン)を引寄せ，同符号のイオン(副イオン)は遠ざけて図3.8に示す電気二重層を形成する．電気二重層は，対イオンが粒子表面に吸着している固定層もしくはステルン(Stern)層，一定範囲に拡散している拡散層もしくはグーイ(Gouy)層よりなる．

電位は粒子表面の電位 $\varPsi_0$ [V]から固定層端のステルン電位 $\varPsi_S$ まで直線的に変化し，拡散層内でゼロまで漸近する．粒子が媒液に対して相対運動するとき，固定層内の電荷だけでなく拡散層内の電荷も一部粒子と一緒に運動する．粒子と一緒に運動する電荷と運動しない電荷の境界をすべり面とよび，その面の電位をゼータ電位 $\varPsi_\zeta$ とよぶ．粒子の $\varPsi_0$ と $\varPsi_S$ を実測することはきわめて難しく，実測できるのは $\varPsi_\zeta$ である[6]．

電気二重層の厚さは次式で求められる κ [m^{-1}]の逆数程度であり，$1/\kappa$ はデバイ長さ(Debye length)とよばれている．

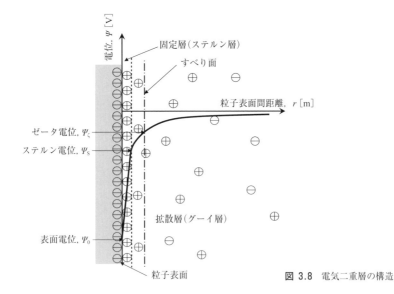

図 3.8 電気二重層の構造

$$\kappa = \left(\frac{e^2 N_A \sum 10^3 C_i Z_i^2}{\varepsilon_0 \varepsilon_r k T} \right)^{1/2} \tag{3.9}$$

ここで,$e=1.60\times10^{-19}$ C は電気素量,$N_A=6.02\times10^{23}$ mol^{-1} はアボガドロ (Avogadro) 数,C_i [mol·L^{-1}],Z_i [—] はイオン i の濃度および価数,$\varepsilon_0=8.85\times10^{-12}$ F·m^{-1} は真空の誘電率,ε_r [—] は媒液の比誘電率,$k=1.38\times10^{-23}$ J·K^{-1} はボルツマン (Boltzmann) 定数,T [K] はスラリーの絶対温度である.水を媒液とするとき,その比誘電率は水温 t [℃] によって変化し,次式[7)]で与えられるが,

$$\varepsilon_r = 88.15 - 0.414t + 1.31\times10^{-3}t^2 - 4.6\times10^{-6}t^3 \tag{3.10}$$

10〜30℃の範囲では次式で近似できる.

$$\varepsilon_r = 87.8 - 0.37t \tag{3.11}$$

図 3.9 に,15℃で蒸留水の pH を HCl と NaOH により調整したときの電気二重層厚さを示した.ただし,H$^+$,OH$^-$ 以外のイオンを含んでいる媒液の場合,電気二重層厚さは図 3.9 の値より薄くなる.

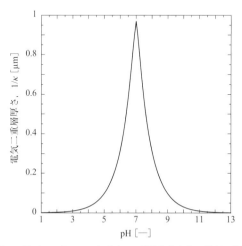

図 3.9 15℃で HCl と NaOH により pH 調整したときの電気二重層厚さ

3.2.3 ゼータ電位測定

電気泳動: 帯電粒子を電場に置くと，粒子は反対符号の電極に向かって移動する．この移動現象は電気泳動とよばれ，電場から受ける力が移動に伴う粘性抵抗に等しくなると，一定の速度で移動する．電界強度を $1\,\mathrm{V\cdot m^{-1}}$ としたときの移動速度は泳動速度もしくは移（易）動度 $u_\mathrm{E}\,[\mathrm{m^2\cdot V^{-1}\cdot s^{-1}}]$ とよばれ，次のヘンリー(Henry)の式で与えられる．

$$u_\mathrm{E} = \frac{2\varepsilon_0 \varepsilon_\mathrm{r} \Psi_\zeta}{3\mu} f\!\left(\frac{\kappa x}{2}\right) \tag{3.12}$$

ここで $x\,[\mathrm{m}]$ は粒子直径である．帯電粒子の周りに拡散している反対符号のイオンは粒子とは逆方向に泳動し粒子の移動度に影響を及ぼす．式(3.12)の $f(\kappa x/2)$ は拡散層の影響を考慮するもので，ヘンリー関数とよばれ，次式[8]で与えられる．

$$f\!\left(\frac{\kappa x}{2}\right) = \frac{3}{2} - \frac{1}{2 + 0.144(\kappa x/2)^{1.13}} \tag{3.13}$$

粒子半径が電気二重層厚さに比べ無視小と見なせる場合 ($\kappa x/2 \ll 1$) は $f(\kappa x/2) = 1$ となり，逆に電気二重層厚さが粒子半径に比べ無視小と見なせる場合 ($\kappa x/2 \gg 1$) は $f(\kappa x/2) = 3/2$ となるため，式(3.12)は

$$\frac{\kappa x}{2} \ll 1 : \quad u_\mathrm{E} = \frac{2\varepsilon_0 \varepsilon_\mathrm{r} \Psi_\zeta}{3\mu} \tag{3.14}$$

$$\frac{\kappa x}{2} \gg 1 : \quad u_\mathrm{E} = \frac{\varepsilon_0 \varepsilon_\mathrm{r} \Psi_\zeta}{\mu} \tag{3.15}$$

となる．式(3.14)はヒュッケル(Hückel)の式，式(3.15)はスモルコフスキー(Smoluchowski)の式とよばれる．

図3.10(a)に示すように，静止媒液中の粒子泳動速度を測定できれば，式(3.12)からゼータ電位を求めることができる．この方法は電気泳動法とよばれ，最も広く使われている．粒子の泳動画像からその速度を読み取る顕微鏡電気泳動法が一般的であるが，自動化の程度によっていくつかの装置が市販されている．光学顕微鏡では識別できる粒子径に限界(0.1 μm 程度)がある．そのような微粒子でも，ドップラー効果を利用して泳動速度を求めるレーザードップラー電気泳動法を用いれば，nm オーダーの粒子まで測定することができる．

3.2 粒子の帯電

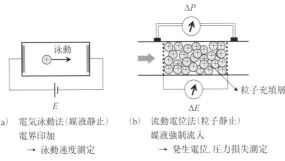

(a) 電気泳動法(媒液静止)　　(b) 流動電位法(粒子静止)
　　電界印加　　　　　　　　　　媒液強制流入
　　→ 泳動速度測定　　　　　　　→ 発生電位,圧力損失測定

図 3.10　泳動現象を利用したゼータ電位測定法

電気泳動法においては,粒子を 1 個 1 個に識別しなければならないので,試料懸濁液は希薄でなければならない.また,沈降速度が大きいと観察中に視野から消えてしまうので,密度によるが数 μm より大きな粒子の場合は注意を要する.

粒子の沈降速度が大きい場合は,図 3.10(b) に示す流動電位法によりゼータ電位を求めることができる.静止状態にある粒子充填層に媒液を流すと拡散層内の対イオンも流されるので電荷が移動し,粒子充填層の入口と出口間に圧力差 ΔP [Pa] と電位差 ΔE [V] が発生する.媒液の電気伝導度を α [A・V^{-1}・m^{-1}] とすると,両者は次式で関係づけられるので[9]ゼータ電位を求めることができる.

$$\Delta E = \frac{\varepsilon_0 \varepsilon_r \Psi_\zeta \Delta P}{\mu \alpha} \tag{3.16}$$

その他電気泳動現象を利用した測定法には,帯電粒子の沈降によって発生する電位を測定する沈降電位法,図 3.10 で粒子充填層に電位を印加すると媒液は流れる(電気浸透流)ことを利用した電気浸透法がある.

ゼータ電位の pH 依存性を評価する場合は,最初に蒸留水に試料粒子を懸濁させてゼータ電位を測定し,HCl や NaOH などで pH を調整しながら順次ゼータ電位を測定する.したがって,HCl や NaOH などを加える前はイオン濃度が低いため,図 3.9 に示すように電気二重層は厚く 10^0 μm オーダーの粒子では $\kappa x/2 \simeq 1$ となってしまう.このような場合には,NaCl を添加し全 pH 領域で $\kappa x/2 \gg 1$ となるようにすればよい.例えば,NaCl 濃度が 0.5 mM(水 1 L に NaCl を 29 mg)のとき,電気二重層厚さは 10 nm 以下になるので,10^0 μm オーダーの粒子でも全 pH 領域で $\kappa x/2 \gg 1$ となりスモルコフスキーの式だけでゼータ電位を

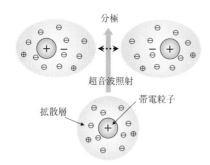

図 3.11 超音波による拡散層のひずみ

求めることができる．

超音波による拡散層のひずみ(超音波法)： 図 3.11 に示すように，電気二重層に超音波を照射すると，粒子と媒液の密度が違う場合，超音波に対する応答が異なってくる．その結果，粒子の電荷中心と拡散層内の対イオンの電荷中心がずれ，電気双極子を形成する(分極)．この電気双極子は振動電位として検出できるので，この振動電位を測定すればゼータ電位を求めることができる．この方法は，超音波振動電位法とよばれている．また逆に，懸濁液に交流電場を印加すると粒子と電極板との衝突により超音波を発生するので，その音圧を測定することによってもゼータ電位を測定することができる．この方法は，振動電場振動法とよばれている．

超音波法の特徴は，高濃度スラリーでも希釈することなく測定できることで，0.5〜50vol％の範囲で利用できるといわれている[10]．

3.3 界面活性剤の吸着

吸着とは，気相あるいは液相中のある物質(吸着質)が固体表面に濃縮される現象で，吸着時に化学反応を起こす化学吸着と起こさない物理吸着に分けられる．スラリー操作において化学吸着を使うことはまずないので，ここでは物理吸着のみ取り扱う．また，界面活性剤は主に水系スラリーで用いられるので，水系スラリーを中心に説明する．

気相吸着においては，平衡時の単位面積あたりの吸着量は気相中の吸着質濃度に比例し，液相吸着でも，吸着質がイオンなどの場合は同様である．吸着挙動は，

一定温度下での吸着量と吸着質濃度の関係である吸着等温線で表される．最も一般的な吸着パターンは，吸着質が粒子表面を覆い尽くし飽和吸着量に達するまで，吸着質濃度とともに吸着量が増大するラングミュア(Langmuir)型吸着である．吸着質が1層だけ吸着する場合にラングミュア型吸着となるが，吸着質が多層に吸着する場合，吸着量は吸着質濃度とともに増大し続ける．

吸着質が界面活性剤の場合の吸着挙動は複雑であるため，吸着等温線で吸着挙動を理解することは難しく，スラリー調製などにおいては試行錯誤に頼らざるを得ない部分が多く残されている．

したがって本節においては，界面活性剤の吸着挙動を理解するうえで必要な事項を説明し，スラリー調製に広く用いられる界面活性剤の吸着挙動について著者らが行った研究事例を紹介する．

3.3.1 界面活性剤

界面活性剤とは，一つの分子内に相反する性質の2種類の官能基をもっている分子で，一つは水分子を水和水として抱え込む性質をもつ親水基，もう一つは水を排除する性質をもつ疎水基である[11]．親水基，疎水基は油の側からみれば，それぞれ疎油基，親油基とよばれる．一つの分子の中に性質が背反する官能基をもっていることが，界面活性剤の吸着挙動を複雑にしている．

図3.12に界面活性剤の例としてドデシル硫酸ナトリウムを示した．ドデシル基 $CH_3(CH_2)_{11}$- が疎水基，硫酸基-OSO_3^- が親水基で，疎水基は「—」で親水基は「○」で表される．疎水基は鎖状炭化水素か芳香族炭化水素である．親水基には水中で解離して陰イオンとなるアニオン性，陽イオンとなるカチオン性，陰・陽両イオンをもつ両性，解離しない非イオン(ノニオン)性の原子団がある．イオン性の原子団は水の極性により水と親和性をもち，非イオン性界面活性剤では水素結合しやすい原子団によって親和性をもつ．表3.2に陰イオン(アニオン)，陽イオン(カチオン)，両性(双性)，非イオン(ノニオン)性界面活性剤の例と，親水性を発揮する原子団を太字で示した．

また，親水基と疎水基の結合の仕方によって界面活性剤は10のタイプに分類されるが[11]，粒子の分散には，図3.13に示すような結合様式の界面活性剤が広く用いられる．このような結合様式の界面活性剤は，親水基を多くもつため水に

図 3.12 界面活性剤の例
（ドデシル硫酸ナトリウム）

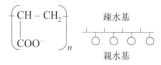
図 3.13 分散剤として多用される
ポリアクリル酸イオン

表 3.2 高分子界面活性剤の例

種 類	界面活性剤例	化学式
陰イオン性	せっけん（脂肪酸塩）	$RCOO^-Na^+$
陽イオン性	アルキルトリメチルアンモニウムクロライド	$RN^+(CH_3)_3Cl^-$
両 性	アルキルベタイン	$RN^+(CH_3)_2CH_2COO^-$
非イオン性	ポリオキシエチレンアルキルエーテル	$RO(C_2H_4O)_nH$

溶けやすく分散効果も高い．

3.3.2 吸 着 機 構

　水中に分散している粒子表面にはすでに水分子が吸着しているので，粒子/界面活性剤の界面エネルギーが粒子/水の界面エネルギーより小さくなるときに，界面活性剤は粒子に吸着する．

　イオン性界面活性剤の場合，界面活性剤を粒子表面に吸着させる最も重要な力は静電気力である．陰イオン界面活性剤の場合，粒子が正に帯電していれば親水基が粒子に吸着する．しかしゼータ電位が負の値でも，イオン結合性の強い粒子などでは正の荷電点（吸着サイト）が粒子表面に存在するため，負の電荷をもつ親水基が吸着する場合もあるし，ヒドロキシ基（-OH）など吸着している場合は水素結合によって負の親水基が吸着する場合もある．

　粒子表面に親水基と反対符号の荷電点が存在しない場合は，疎水基がファンデルワールス力によって粒子表面に吸着する．このような吸着には界面活性剤に特有な疎水性相互作用が重要な役割を果たす．疎水性相互作用とは，疎水基とその周りの水分子が互いを排除しようとする作用で，図3.12に示すような棒状の界

3.3 界面活性剤の吸着　35

図 3.14　疎水性相互作用によるミセルの形成

面活性剤を水に溶かすと疎水基が水から排除されるため，濃度が低い場合は図3.14に示すように疎水基を空気側に出して気液界面に吸着する．濃度を上げていくと，数十個の分子が疎水基を内側にしてミセル（会合体）を形成する．ミセルの表面は親水基で覆われているため親水粒子として振る舞い，界面活性剤は見かけ上非常に大きな溶解度を示す．一方，図3.13に示す紐状タイプのイオン性界面活性剤では，親水基間に静電反発力が働くため常に紐が伸びた状態になっておりミセルを形成することはない．

この疎水性相互作用によって粒子に働く疎水性引力は，ファンデルワールス引力に比べ桁違いに大きいと報告[5]されている（4.2節参照）．

3.3.3　吸着量の測定

吸着量の測定は，吸着前後の界面活性剤濃度差から求める．濃度 C_0 [g·L^{-1}] の界面活性剤水溶液 V [L] に試料粉体を M [g] 入れ，撹拌後温度を一定に保ち静置する．吸着平衡に達したのち遠心分離器により粒子を沈降させ上澄みだけを採取し，その濃度 C [g·L^{-1}] を測定すると，次式で吸着量 W_M [g·g^{-1} sample] が求められる．

$$W_M = \frac{(C_0 - C)V}{M} \tag{3.17}$$

試料粉体の比表面積 S_M [m^2·g^{-1}] が既知であれば，表面積あたりの吸着量 W_S [g·m^{-2} sample] が次式で求められる．

$$W_S = \frac{(C_0 - C)V}{M S_M} \tag{3.18}$$

界面活性剤の濃度測定はどのような測定法でも構わないが，TOC(total organic carbon)分析計，紫外可視光(UV)光度計などが使われている．TOC分析計は感度は高いが，媒液にも炭素が含まれていたり複数の界面活性剤が添加されている場合は使えない．この場合，炭素源の分解温度が違っていればTG(Thermo-Gravimetric)分析計によって複数の炭素源それぞれの濃度を測定することができる．またUV光度計も波長を変えればそれぞれの濃度を測定できるが，ともにTOC分析計に比べて感度が低いため測定精度が落ちるようである．

試料粉体と上澄みの分離を沪過操作によって行う場合は，未吸着の界面活性剤が沪紙に捕集されないよう注意が必要である．

次項で詳述するように，高分子電解質の吸着形態とその経時変化もスラリー挙動に影響を及ぼす．

3.3.4 アルミナ粒子とポリカルボン酸アンモニウムの吸脱着挙動

著者らは，汎用のセラミックス原料であるアルミナ粉体と，水系スラリーの分散剤として広く用いられるポリカルボン酸アンモニウムの吸脱着挙動を系統的に検討した．検討結果は学位論文[12]としてまとめ，学術論文[13~16]としても公表している．

使用アルミナ粉体は，Mg無添加アルミナとMg添加アルミナである．分散剤には図3.15に示したポリカルボン酸アンモニウム塩(セルナD-305，中京油脂)を用いた．使用したポリカルボン酸塩の分子量は6000～10000なので，図3.15に示す基本構造が50～80個紐状につながった高分子電解質である．また比較のため，棒状のラウリン酸ナトリウム塩($C_{11}H_{23}COONa$)の吸脱着も検討した．これらの塩は，実験したpHの範囲では完全解離の状態にある[17~19]．

図3.16にMg無添加アルミナ，図3.17にMg添加アルミナへのポリカルボン

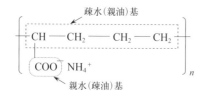

図 3.15 ポリカルボン酸アンモニウムの構造式

3.3 界面活性剤の吸着　37

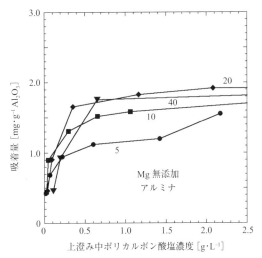

図 3.16 Mg 無添加アルミナとポリカルボン酸塩の吸着等温線
（図中の数字はスラリー濃度［vol%］）
［木口崇彦，田中大志，森隆昌，椿淳一郎，佐藤根大士：粉体工学会誌，**49**，100-107(2012)］

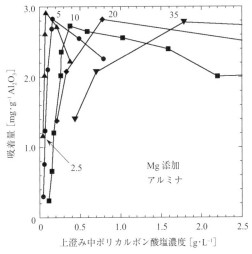

図 3.17 Mg 添加アルミナとポリカルボン酸塩の吸着等温線
（図中の数字はスラリー濃度［vol%］）
［Mori, T., I. Inamine, R. Wada, T. Hida, T. Kiguchi, H. Satone and J. Tsubaki: *J. Ceram. Soc. Jpn.*, **8**, 917-921(2009)］

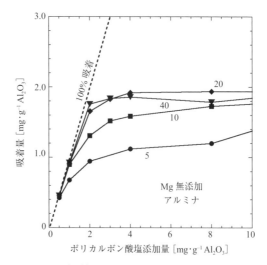

図 3.18 Mg 無添加アルミナとポリカルボン酸塩の吸着挙動
（図中の数字はスラリー濃度 [vol%]）
[木口崇彦，田中大志，森隆昌，椿淳一郎，佐藤根大士：粉体工学会誌，**49**，100-107(2012)]

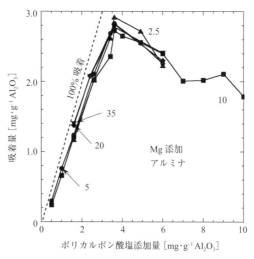

図 3.19 Mg 添加アルミナとポリカルボン酸塩の吸着挙動
（図中の数字はスラリー濃度 [vol%]）
[Mori, T., I. Inamine, R. Wada, T. Hida, T. Kiguchi, H. Satone and J. Tsubaki: *J. Ceram. Soc. Jpn.*, **8**, 917-921(2009)]

酸塩の吸着等温線を示した．わずか 0.11% の MgO 添加で吸着挙動は大きく異なってくる．Mg 無添加アルミナでは図 3.16 に示すように，スラリー濃度の影響はあるもののラングミュア型の吸着挙動を示す．それに対して Mg 添加アルミナでは，スラリー濃度の影響が大きくラングミュア型にはならず極大値をもち，その極大値は Mg 無添加アルミナ飽和吸着量の 1.5 倍程度になっている．

吸着量を添加量に対してプロットし直すと図 3.18，3.19 になる．図 3.18 から Mg 無添加アルミナでは，添加量が少ないとき添加ポリカルボン酸イオンはすべて吸着していることがわかる．一方，図 3.19 に示す Mg 添加アルミナでは，全量は吸着せず 70% 程度の吸着にとどまっており，スラリー濃度の影響はみられなくなる．

吸着メカニズム： Mg 添加と無添加アルミナのゼータ電位を図 3.20 に示した．等電点は Mg 無添加アルミナで pH 9 弱，添加アルミナで pH 9 強である．一方，ポリカルボン酸塩を添加したときの pH は，図 3.21 に示すようにスラリー濃度によらず 9 より大きく，ポリカルボン酸塩水溶液中で粒子は負に帯電していることがわかる．

ポリカルボン酸塩の親水基(-COO$^-$)は負電荷をもつので，負に帯電した粒子と静電気的に反発して疎水基が粒子に吸着しているのかを確かめるため，同じ

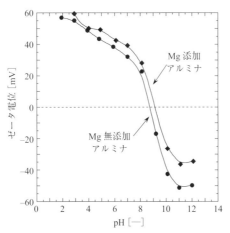

図 3.20 易焼結アルミナのゼータ電位

[木口崇彦，田中大志，森隆昌，椿淳一郎，佐藤根大士：粉体工学会誌，**49**，100-107(2012)]

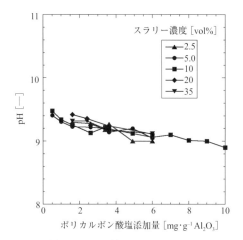

図 3.21 Mg 添加アルミナスラリーの pH
[Mori, T., I. Inamine, R. Wada, T. Hida, T. Kiguchi, H. Satone and J. Tsubaki: *J. Ceram. Soc. Jpn.*, **8**, 917-921(2009)]

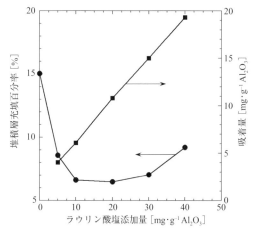

図 3.22 Mg 添加アルミナの堆積層充填百分率とラウリン酸ナトリウム添加量
[木口崇彦, 田中大志, 森隆昌, 椿淳一郎, 佐藤根大士:粉体工学会誌, **49**, 100-107(2012)]

-COO⁻を親水基にもつ棒状のラウリン酸イオンの吸着量を Mg 添加アルミナの 5 vol%スラリーで測定してみた. 図 3.22 に示すようにポリカルボン酸塩よりはるかに多く添加しても, 吸着量は飽和することなく増加し続ける. また調製したス

3.3 界面活性剤の吸着

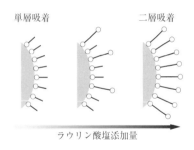

単層吸着　　　二層吸着

ラウリン酸塩添加量

図 3.23　ラウリン酸塩の吸着状態
[木口崇彦：名古屋大学学位論文(2012)]

ラリーを静置し，堆積層の高さの変化がなくなったときの高さ(堆積層充填率)も図 3.22 に併せて示した．図から明らかなとおり，ラウリン酸塩の添加により堆積層の充填率は低下している．もしラウリン酸イオンが疎水基側で粒子に吸着すれば親水基は水と接するため粒子の親水性は増し，かつ親水基間の静電反発力で粒子はより分散状態となる．粒子間に反発力が働く場合は，図 1.1 に示したように，堆積層の充填率は増大する．したがって図 3.22 は，ゼータ電位は負にもかかわらず負電荷をもつ親水基が粒子に吸着していることを示している．疎水基が水と接しているために疎水性相互作用により粒子は凝集し堆積層充填率は低下している．しかし，添加量を増やしていくとあるところから堆積層充填率は増加してくる．これは，添加量を増やしていくと図 3.23 に示したように，1 層目の吸着界面活性剤の疎水基に媒液中(2 層目)の吸着界面活性剤の疎水基が吸着し，粒子は親水性を増し粒子間反発力も働くため，粒子は分散し堆積層充填率が増してくるためである．

図 3.24，3.25 に，粒子濃度 10vol% スラリーで測定したラウリン酸イオンの脱着挙動を示した．図 3.24 は Mg 無添加アルミナの脱着で，スラリーの粒子濃度を変えないように媒液を NaOH 水溶液に入れ替えながら pH を調整し吸着量を測定した．図から明らかなとおり，pH の増大に応じて粒子の負の帯電量は多くなるため，吸着量も漸減し pH 12 あたりではほぼすべてが脱着している．一方，図 3.25 に示す Mg 添加アルミナでも pH の増大に伴い吸着量は漸減していくが，Mg 無添加アルミナと異なり pH 12 になっても相当量のラウリン酸イオンが吸着している．また，NaOH 水溶液ではなく蒸留水によって媒液中のラウリン酸イオン濃度を 1/4 まで下げた場合のデータも示したが，吸着量の減少はわずかである．

以上のように，負のゼータ電位をもつ粒子に負の電荷をもつ親水基($-COO^-$)

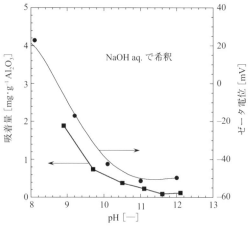

図 3.24 ラウリン酸塩の Mg 無添加アルミナからの脱着挙動
[木口崇彦, 森隆昌, 椿淳一郎：粉体工学会誌, **49**, 274-280(2012)]

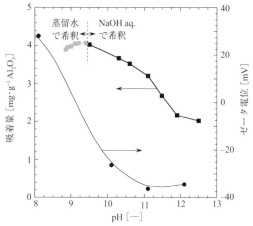

図 3.25 ラウリン酸塩の Mg 添加アルミナからの脱着挙動
[木口崇彦, 森隆昌, 椿淳一郎：粉体工学会誌, **49**, 274-280(2012)]

が吸着するのは，Al_2O_3 は極性粒子で局所的に正に帯電した吸着サイトをもつため，pH とともに OH^- の吸着量は増し，吸着サイトは減っていくのでラウリン酸イオンの吸着量はゼロに近づく．Mg 添加アルミナの場合は，粒子表面に存在する Mg が強力な吸着サイトになっているため pH を 12 以上に上げてもまだ多

3.3 界面活性剤の吸着　43

くのラウリン酸イオンが吸着している．

　ポリカルボン酸イオンの脱着挙動を図 3.26, 3.27 に示した．ラウリン酸イオンの場合と同様，Mg 無添加アルミナでは図 3.26 に示すように pH の増大に応じて脱着は進行するが，Mg 添加アルミナの場合は図 3.27 に示すように pH が 12

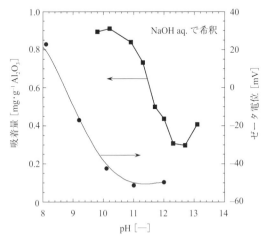

図 3.26 ポリカルボン酸塩の Mg 無添加アルミナからの脱着挙動
［木口崇彦，森隆昌，椿淳一郎：粉体工学会誌，**49**，274-280(2012)］

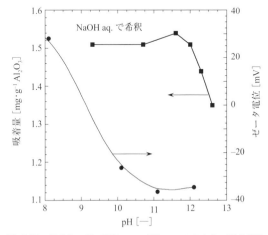

図 3.27 ポリカルボン酸塩の Mg 添加アルミナからの脱着挙動
［木口崇彦，森隆昌，椿淳一郎：粉体工学会誌，**49**，274-280(2012)］

を越えてから急激に吸着量が減少している．これは，ポリカルボン酸塩1分子が50〜80個の親水基をもつため粒子に多点吸着し，そのすべての吸着点で脱着が起きるまでポリカルボン酸イオンは吸着状態にあるからである．

Mg^{2+}の影響： 図3.28に濃度0.8mass％のポリカルボン酸塩水溶液(a)と(a)に100mMの$MgCl_2$水溶液を等量加えた水溶液(b)の写真を示した．(a)の水溶液では，親水基($-COO^-$)が静電気的に反発するため，解離したポリカルボン酸塩は図3.29(a)に示すように紐状に伸びた状態で水に溶解している．そこにMg^{2+}が存在すると図3.29(b)に示すように，親水基がMg^{2+}によって架橋するためポリカルボン酸塩は親水性を失い図3.28(b)のように析出する．親水基が架橋したポリカルボン酸塩は，伸びた紐状ではなく絡まった紐のような状態で存在する．

図3.19に示したように，Mg添加アルミナでは添加したポリカルボン酸イオンの約70％が吸着し，残り30％は媒液に残っている．吸着平衡に達した後，このスラリーを遠心分離器にかけて上澄みを取り出し，取り出した上澄み液にMg添加アルミナを入れ吸着量を測定したのが図3.30である．この図から，上澄み液に存在するポリカルボン酸イオンは，Mg^{2+}による架橋によって親水基が失活し吸着能を失っていることがわかる．したがって吸着能を有するポリカルボン酸イオンはすべて粒子に吸着しているといえる．

Mg無添加アルミナスラリーに，$MgCl_2$を添加してポリカルボン酸イオンの吸

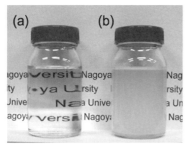

図 3.28 $MgCl_2$添加によるポリカルボン酸イオンの析出
(a) ポリカルボン酸塩水溶液,
(b) $MgCl_2$添加ポリカルボン酸塩水溶液
［木口崇彦，田中大志，森隆昌，椿淳一郎，佐藤根大士：粉体工学会誌，**49**，100-107(2012)］

図 3.29 Mg^{2+}によるポリカルボン酸イオンの疎水化
(a) Mg^{2+}なし，(b) Mg^{2+}あり
［木口崇彦，田中大志，森隆昌，椿淳一郎，佐藤根大士：粉体工学会誌，**49**，100-107(2012)］

3.3 界面活性剤の吸着　45

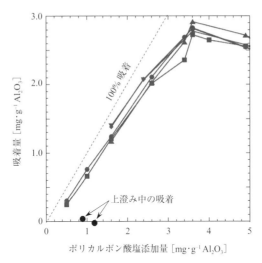

図 3.30 Mg 添加アルミナスラリー上澄み中ポリカルボン酸イオンの吸着
（図 3.19 に重ね書き）
［木口崇彦：名古屋大学学位論文(2012)］

着量を測定したのが図 3.31 である．濃度が 10 mM になるよう $MgCl_2$ を添加したスラリーで Mg 添加アルミナスラリーの結果をよく再現している．$MgCl_2$ の濃度を増すと吸着量は増大する．吸着量と Mg^{2+} 濃度の関係は図 3.32 のように考えることができる．Mg^{2+} がない場合ポリカルボン酸イオンは伸びた紐状の状態で吸着するため，図 3.32(a)に示すように 1 分子あたりの吸着占有面積は大きい．Mg 無添加アルミナではこの状態で吸着を終了する．それに対して Mg 添加アルミナの場合は，Mg^{2+} によってポリカルボン酸イオンは紐状から絡まった紐状に形態を変えるため図 3.32(b)に示すように吸着占有面積は小さくなり，その結果吸着量は多くなる．ポリカルボン酸塩の添加量を親水基の数が Mg^{2+} イオン数の 2 倍より多くなるまで増していくと，媒液中の Mg^{2+} はすべて消費されて再び図 3.29(a)に示す紐状のポリカルボン酸イオンが表れるため，図 3.32(c)に示すように，より少ない分子数で粒子を覆うことができる．

図 3.19 に示した Mg 添加アルミナの吸着挙動は，次のように考えることができる．吸着能を有するポリカルボン酸イオンはすべて吸着し，添加量がゼロから極大値 $3.6\ mg\cdot g^{-1}Al_2O_3$ までは，図 3.32(b)の状態で吸着している．吸着挙動を

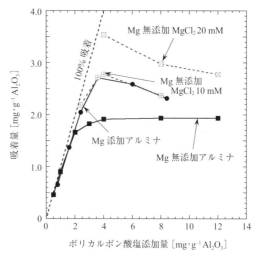

図 3.31 ポリカルボン酸イオンの吸着挙動に及ぼす Mg^{2+} の影響
[木口崇彦, 田中大志, 森隆昌, 椿淳一郎, 佐藤根大士:粉体工学会誌, **49**, 100-107(2012)]

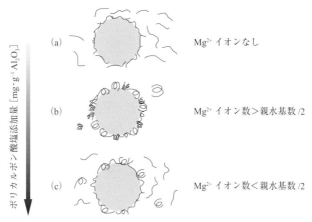

図 3.32 ポリカルボン酸イオンの吸着状態と Mg^{2+} イオンの数
[木口崇彦, 田中大志, 森隆昌, 椿淳一郎, 佐藤根大士:粉体工学会誌, **49**, 100-107(2012)]

決定する Mg^{2+} イオン数と親水基数の比はスラリー濃度に関係なく添加量だけで決まるので,ポリカルボン酸塩の添加量が同じであればスラリー濃度に関係なく同じ吸着挙動を示す.親水基の数が Mg^{2+} イオン数の2倍になる添加量で吸着量は極大値となり,さらに添加量を増やすと,飽和吸着状態ではあるが図3.32(c)

のように吸着するため，飽和吸着に必要な分子数は減り吸着量は減少する．

図 3.18 の Mg 無添加アルミナの吸着挙動にスラリー濃度の影響が出ているが，さらに粒子濃度が低いと吸着するまでの移動距離が長くなるので，吸着平衡に達するまでの時間は長くなる．この実験では粒子濃度 10vol％，ポリカルボン酸塩添加量 3.6 mg・g^{-1} Al$_2$O$_3$ の Mg 添加アルミナスラリーで測定した吸着量経時変化から判断してスラリー調製 2 日後に吸着量を測定したが，Mg 無添加アルミナの場合はいまだ吸着平衡に達していなかったものと思われる．

ゼータ電位： 図 3.33 に，ポリカルボン酸塩の吸着による Mg 添加アルミナ粒子のゼータ電位変化を示した．図 3.19 に示したように，添加量 3.6 mg・g^{-1} Al$_2$O$_3$ まで吸着量は添加量に比例して増えていくので，それに伴い粒子は負に帯電する．添加量を 3.6 mg・g^{-1} Al$_2$O$_3$ より増やすと吸着量は減少するが，Mg^{2+} イオンによって失活していないポリカルボン酸イオンが吸着するため，粒子はさらに負に帯電する．

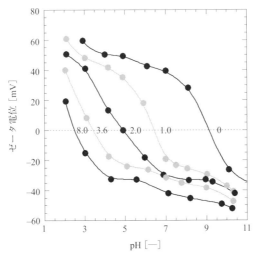

図 3.33 ポリカルボン酸イオンの吸着による Mg 添加アルミナ粒子のゼータ電位
（図中数値はポリカルボン酸塩添加量 [mg・g^{-1}Al$_2$O$_3$]）
［木口崇彦：名古屋大学学位論文(2012)］

引用文献

1) 久保亮五ほか編:"岩波 理化学辞典 第4版", p.631, 岩波書店(1987).
2) 同上, p.1100
3) 椿淳一郎, 鈴木道隆, 神田良照:"入門 粒子・粉体工学", p.180, 日刊工業新聞社(2002).
4) 近澤正敏, 田嶋和夫:"界面化学", p.46, 丸善(2001).
5) Tanaka, K. and A. Ozaki: "Acid-Base Properties and Catalytic Activity of Solid Surfaces", *J. Catal.*, **8**, 1-7(1967).
6) 粉体工学会編:"粉体工学叢書第4巻 液相中の粒子分散・凝集と分離操作", p.5, 日刊工業新聞社(2010).
7) 国立天文台編:"理科年表 平成28年", p.426, 丸善(2015).
8) 文献6), p.45
9) 文献6), p.53
10) 文献6), p.46
11) 竹内節:"界面活性剤", pp.6-15, 産業図書(1999).
12) 木口崇彦:"高分子電解質および界面活性剤の吸脱着挙動に関する研究", 名古屋大学学位論文(2012).
13) Mori, T., I. Inamine, R. Wada, T. Hida, T. Kiguchi, H. Satone and J. Tsubaki: "Effects of Particle Concentration and Additive Amount of Dispersant on Adsorption Behavior of Dispersant to Alumina Particles", *J. Ceram. Soc. Jpn.*, **8**, 917-921(2009).
14) 木口崇彦, 稲嶺育恵, 佐藤根大士, 森隆昌, 椿淳一郎:"分散剤の添加量が粒子沈降挙動に及ぼす影響", 粉体工学会誌, **47**, 616-622(2010).
15) 木口崇彦, 田中大志, 森隆昌, 椿淳一郎, 佐藤根大士:"高分子電解質分散剤の立体配座とマグネシウムイオンがスラリー中粒子への吸着現象に及ぼす影響", 粉体工学会誌, **49**, 100-107(2012).
16) 木口崇彦, 森隆昌, 椿淳一郎:"アルミナ粒子へのカルボン酸塩の吸着機構の解明", 粉体工学会誌, **49**, 274-280(2012).
17) Hirata, Y., J. Kamika, Kimoto, A. Nishimoto and Y. Ishihara: "Interaction between α-Alumina Surface and Polyacrylic Acid", *J. Ceram. Soc. Jpn.*, **110**, 7-12(1992).
18) Shih, C., B. Lung and M. Hon: "Colloidal Processing of Titanium Nitride with Poly-(methacrylic acid) Polyelectrolyte", *Mater. Chem. Phy.*, **60**, 150-157(1999).
19) Pettersson, A., G. Marino, A. Pursiheimo and J. B. Rosenholm,: "Electrosteric Stabilization of Al_2O_3, ZrO_2, and 3Y-ZrO_2 Suspensions: Effect of Dissociation and Type of Polyelectrolyte", *J. Colloid Interface Sci.*, **228**, 73-81(2000).

4 粒子間に働く力

　一般的なスラリー内の粒子には，別の粒子との表面間距離に応じて，粒子の帯電により作用する静電的相互作用，物質に普遍的に作用するファンデルワールス力，高分子の添加による相互作用といった力が作用する．実際には，これらの力が単一で作用することはほとんどなく，同時に複数の力が作用することが多い．本章では，これらの相互作用について個別に説明したうえで，実スラリーでの計算結果について紹介する．また，これらの相互作用を直接測定できる表面間力測定装置(SFA)および原子間力顕微鏡(AFM)について説明し，実際の測定例を紹介する．

4.1 DLVO 理論

　ロシアのデルヤギン(Derjaguin)とランダウ(Landau)，オランダのフェルウェイ(Verwey)とオーバービーク(Overbeek)のグループがそれぞれ独立に発表したDLVO理論は，水溶液中の粒子表面電位と粒子間力を理論的に関係づけたもので，水系スラリーの挙動を理解するうえで大変有効な解析手法である．DLVO理論では，粒子間相互作用を粒子間ポテンシャルで表し，粒子間ポテンシャルは電気二重層ポテンシャルとファンデルワールスポテンシャルの和として与えているので，以下ポテンシャルごとに説明する．

4.1.1 電気二重層ポテンシャル

　イオンを含む溶液と接する固体や液体の表面は，特定の条件を除いて電荷を帯びている．また，高分子電解質が吸着した粒子は，見かけ上吸着した高分子電解

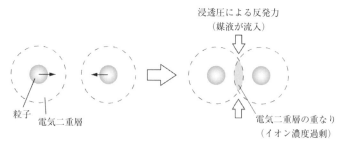

図 4.1 電気二重層の重なりによる反発力の発生

質の符号に帯電している.これらの粒子は,3章で説明したとおり,拡散電気二重層を形成する.この状態で2粒子が接近すると,図4.1のように,粒子が接触する前にまず電気二重層の重なりが生じる.その結果,重なった箇所の対イオン濃度が周囲と比べて過剰となるため,イオン濃度を下げようとする方向に浸透圧が生じる.これにより,接近してきた粒子間に媒液が流れ込むことになり,粒子間には反発力(斥力)が発生することになる.この反発力は後述のように粒子間ポテンシャルから求められる.

直径 x [m]の球形帯電粒子が表面間距離 h [m]で近接しているときの電気二重層ポテンシャル V_R [J]は,粒子半径 $x/2$ と電気二重層厚さ $1/\kappa$ [m]の比 $\kappa x/2$ によって場合分けされ,$\kappa x/2 > 1$ すなわち,電気二重層の厚みが粒子半径よりも薄い場合に次式[1]で与えられる.

$$V_R = \pi x \varepsilon_0 \varepsilon_r \Psi_\zeta^2 \ln[1+\exp(-\kappa h)] \tag{4.1}$$

ここで,Ψ_ζ [V]は粒子のゼータ電位,$\varepsilon_0 = 8.85 \times 10^{-12}$ F·m^{-1} は真空の誘電率,ε_r [—]は媒液の比誘電率で,κ [m^{-1}]は式(3.9)から算出できるデバイ長さの逆数である.図3.9からわかるとおり,pH 7の純水の場合に電気二重層厚さは最大になるが,その値は 1 μm 以下なので,現実のスラリーにおいて $\kappa x/2 < 1$ になることはないと考えてよい.

4.1.2 ファンデルワールスポテンシャル

ファンデルワールス力は,原子内の電子分布が瞬間的にゆらぐことにより形成される双極子によって誘起される力で,ハマカー(Hamaker)の理論的研究[2]によ

り明らかにされたのでハマカー力ともよばれる．物質1と物質2の表面平滑な球粒子が物質3の媒質内で接近しているときに形成されるファンデルワールスポテンシャル V_A [J] は，次式で表される．

$$V_A = -A_{132}\frac{X}{24h} \tag{4.2}$$

ここで，h [m] は粒子表面間距離でその最小値（接触位置）は 0.4 nm とされている．X [m] は相当直径で，粒子1，2の直径 x_1, x_2 [m] から次式で算出される．

$$X = \frac{2x_1x_2}{x_1+x_2} \tag{4.3}$$

A_{132} [J] はハマカー定数とよばれ，粒子と媒質の物質によって決まり，値が正のときファンデルワールス力は引力として働き，負のとき反発力として働く．図4.2 に示すように，真空あるいは空気中で同じ物質の粒子が近接しているときのハマカー定数 A_{11} は物質固有の値であり，炭化水素系の物質で 4×10^{-20}～11×10^{-20} J 程度，酸化物で 6×10^{-20}～15×10^{-20} J，金属では 15×10^{-20}～50×10^{-20} J，水は 3.3×10^{-20}～6.4×10^{-20} J 程度である．ハマカー定数の実測値や計算値は文献[3)]に詳しい．真空中で異種物質が近接している場合は，それぞれのハマカー定数 A_{11} と A_{22} を用いて次式で近似できる．

$$A_{12} = \sqrt{A_{11}A_{22}} \tag{4.4}$$

一方，図4.3 に示すように粒子が媒液（物質3）中で近接していて，粒子が同物質の場合は式(4.5)で，異種物質の場合は式(4.6)で近似される．

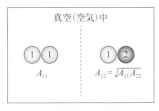

図 4.2　真空（空気）中に存在する粒子のハマカー定数

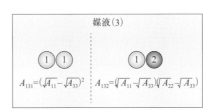

図 4.3　媒液中に存在する粒子のハマカー定数

$$A_{131} = \left(\sqrt{A_{11}} - \sqrt{A_{33}}\right)^2 \tag{4.5}$$

$$A_{132} = \left(\sqrt{A_{11}} - \sqrt{A_{33}}\right)\left(\sqrt{A_{22}} - \sqrt{A_{33}}\right) \tag{4.6}$$

式(4.5)は，同一物質の粒子が分散しているスラリーではハマカー定数は常に正の値となり，ファンデルワールス力は常に引力となることを示している．それに対して異種物質の粒子が分散しているスラリーでは，同物質粒子間には常に引力が働くが，異物質粒子間ではハマカー定数が負の値となる場合があり，ファンデルワールス力が反発力となることがあり得る．ただ，ほとんどの物質のハマカー定数は水のそれより大きいため，ファンデルワールス力が反発力になることはまれである．

4.1.3　全相互作用（DLVO 理論）

DLVO 理論では，水中で帯電した粒子について，粒子間に作用する全相互作用ポテンシャルエネルギー V [J]は，電気二重層ポテンシャル V_R とファンデルワールスポテンシャル V_A との和として式(4.7)で与えられる．また粒子間に働く力 F [N]は式(4.8)で与えられる．

$$V = V_R + V_A \tag{4.7}$$

$$F = -\frac{dV}{dh} \tag{4.8}$$

全相互作用ポテンシャルと表面間距離との関係を表したポテンシャル曲線は，スラリー条件によりその形がさまざまに変化する．図 4.4～4.6 に，代表的な 3 種類のポテンシャル曲線の模式図を示す．ある粒子が無限遠方からもう一つの同質・同粒子径の粒子に接近する場合を考えると，図 4.4 のように，粒子間距離のほぼ全域にわたってファンデルワールスポテンシャルが優勢となる場合は，$dV/dh > 0$ となるため粒子間には常に強い引力が作用することになる．互いの電子雲が重なるほど 2 粒子が接近すると，ボルン（Born）斥力とよばれる強い反発力が作用する．このボルン斥力が表れる表面間距離は 0.4 nm とされている．ボルンポテンシャルとファンデルワールスポテンシャルとで形成されるポテンシャ

4.1 DLVO 理 論　53

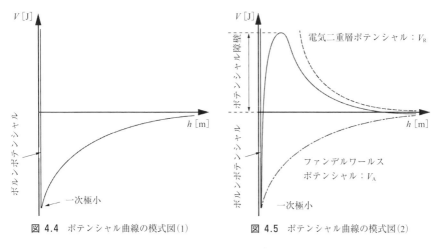

図 4.4 ポテンシャル曲線の模式図(1)　　図 4.5 ポテンシャル曲線の模式図(2)

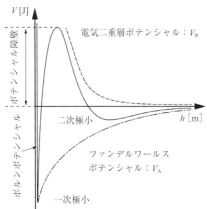

図 4.6 ポテンシャル曲線の模式図(3)

ルの谷間は一次極小とよばれ，この極小値の位置で接している状態が熱力学的に最も安定であり，再度粒子を引き離すには強い力が必要となる．

図 4.5 は，ファンデルワールスポテンシャルよりも電気二重層ポテンシャルが強く作用している場合で，このような場合にはポテンシャルの極大値 V_{max} が存在し，粒子間には反発力が作用し容易には接近できなくなる．

図 4.6 は，ポテンシャル V が二次極小値をもつ場合で，図 4.5 の条件よりもイオン濃度が高く，電気二重層が圧縮される場合などに表れる．このような場合，

接近した粒子は二次極小の位置で準安定な状態となるが，二次極小前後のポテンシャル勾配は緩やかであるため，外力により比較的容易に二次極小から脱することが可能である．

ポテンシャル曲線はスラリーの条件により変化するので，図4.7のようなゼータ電位をもつ公称粒子径2μmのアルミナ研磨材 ($A_{131}=4.2\times10^{-20}$ J)を水に懸濁したスラリーを例として，ゼータ電位(pH)，塩濃度，粒子径がポテンシャル曲線に及ぼす影響をDLVO理論により計算してみる[4]．図4.8は全イオン濃度3.0 mMでゼータ電位の影響をみたもので，高いゼータ電位ほどポテンシャル障壁は高くなり，等電点のスラリーでは障壁が存在しない．図4.9はゼータ電位が24.4 mVの一定条件下で，スラリー中のH^+およびOH^-を含めた全イオン濃度がポテンシャル曲線に及ぼす影響をみたもので，全イオン濃度が低いほどポテンシャル障壁が高く電気二重層厚さは厚くなっている．また，全イオン濃度を高くしていくと，反発力の発生する電気二重層はさらに圧縮されるため二次極小が表れてくる．図4.10は，ゼータ電位24.4 mV，全イオン濃度3.0 mMで一定とした場合の，粒子径の影響を示したもので，小さい粒子ほど凝集しやすくなることを裏づけている．

スラリーの安定性(粒子の分散性)はポテンシャル障壁の高さで論じられることが多いが，障壁が高くても電気二重層が厚くポテンシャル曲線のスロープが緩け

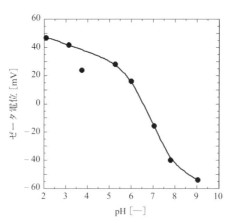

図 4.7 粒子径2μmのアルミナ研磨材のゼータ電位
［佐藤根大士：名古屋大学学位論文(2008)］

4.1 DLVO 理論

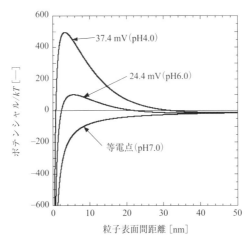

図 4.8 ゼータ電位がポテンシャル曲線に及ぼす影響
（粒子径：2.0 μm，全イオン濃度：3.0 mM）
［佐藤根大士：名古屋大学学位論文(2008)］

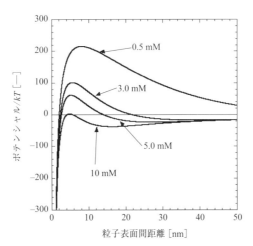

図 4.9 イオン濃度がポテンシャル曲線に及ぼす影響
（粒子径：2.0 μm，ゼータ電位：24.4 mV）
［佐藤根大士：名古屋大学学位論文(2008)］

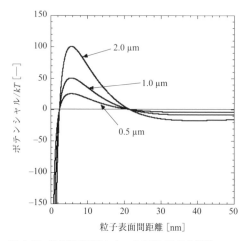

図 4.10 粒子径がポテンシャル曲線に及ぼす影響
(全イオン濃度:3.0 mM, ゼータ電位:24.4 mV)
[佐藤根大士:名古屋大学学位論文(2008)]

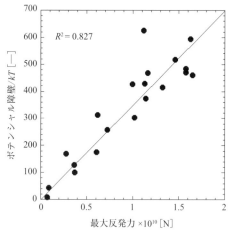

図 4.11 最大反発力とポテンシャル障壁の相関性
[佐藤根大士:名古屋大学学位論文(2008)]

れば(反発力が小さい)弱い外力でも障壁を乗り越えることができる．したがって，スラリーの安定性は本来ならば粒子間に働く反発力で論じなければならない．ここで，図 4.8～4.10 に示したポテンシャル曲線からポテンシャル障壁と $-\mathrm{d}V/\mathrm{d}h$ の最大値を読み取り，ポテンシャル障壁と最大反発力の相関をみたのが図 4.11 である．図中の直線は 1 次近似直線で，その相関係数 R^2 から両者には相関関係があることがわかる．したがって，ポテンシャル障壁をスラリー安定化の指標として用いることは差し支えないことがわかる．

粒子間力は式(4.8)に式(4.1)，(4.2)を代入して次式で求められる．

$$F = \frac{\pi x \varepsilon_0 \varepsilon_r \Psi_\zeta^2 \kappa}{1 + \exp(\kappa h)} - \frac{A_{132} X}{24 h^2} \tag{4.9}$$

4.2 疎水性相互作用

疎水性相互作用は，水中の疎水性表面間や疎水基間に働く，ファンデルワールス力よりもはるかに強い引力であり，浮沈選鉱での鉱物粒子への気泡の吸着やタンパク質折りたたみの駆動力として知られている．疎水性粒子が水中に存在するとき，粒子表面近傍の水分子は表面との親和性の低さから安定した水和層を形成することが困難であるため，水中で単独で存在しているよりも，別の粒子と接触して水分子との接触面積を減らしたほうが熱力学的に安定となる．このため，粒子同士が集まって表面の水分子をバルク中に排除しようとする見かけの引力が疎水性相互作用である．

疎水性相互作用力については，熱力学的観点から理論的研究が行われ，解[5,6]が得られている．しかし，理論解により推定される力の大きさと力が及ぶ範囲を実測値と比較すると，力の実測値は理論解よりはるかに大きく，またより遠くから力が作用している．また，実測値が測定者や測定手法によって大きく異なることなどから，理論解と実測値の違いは粒子表面に付着しているナノサイズの気泡によるものというのが定説[6]となっている．疎水性粒子を水中に投入する場合，気泡の除去に相当な注意を払っていたとしても，疎水性粒子表面は水分子よりも空気との親和性が高いため，図 4.12 に示すようにナノサイズの気泡が残ってしまう．これらのナノバブルが粒子を架橋すると，熱力学的に発現される疎水性相

58　4　粒子間に働く力

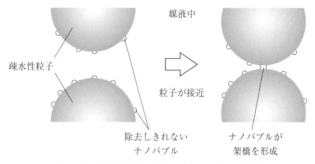

図 4.12　疎水性表面に存在するナノバブルの架橋

互作用よりもはるかに大きな力がより遠くから作用すること，いったん疎水性粒子を有機溶媒に投入し，その後徐々に媒液を水に置換するという方法でナノバブルがほとんどない状態をつくれば，このような長距離引力は測定されないことが実験により確かめられている[6]．

4.3　吸着高分子より生じる力

　高分子界面活性剤は図 4.13 に示すように，添加量が少ないと凝集剤として作用し，多いと分散剤として作用する．媒液中の高分子濃度が高く，粒子表面の吸着サイトすべてを埋めるのに十分な高分子が粒子の周りに存在すれば，粒子には直近の高分子だけが吸着する．それに対して，高分子濃度が低いと，添加したすべての高分子が粒子に吸着しても，粒子表面には空の吸着サイトが残っているため，すでに吸着している高分子の一端が他の粒子に吸着して粒子を架橋し凝集させる．したがって，高分子界面活性剤を分散剤として使うときは，吸着量が被覆率 100 %とみなせる飽和吸着量を超えるように添加しなければならない．また添加量が少ない場合は，架橋凝集だけでなくファンデルワールス力による凝集も起こる．
　飽和吸着した高分子界面活性剤は，図 4.13 に示すような立体障害(立体反発)とよばれる作用により粒子の凝集を防ぐ．この立体反発力は，粒子の接近に伴い高分子吸着層に重なり合いで生ずる．重なり部では高分子セグメントの濃度が高くなるため，それを緩和しようと浸透圧が働く．その浸透圧効果は次式の相互作用ポテンシャル V_M [J][7]で求めることができる．

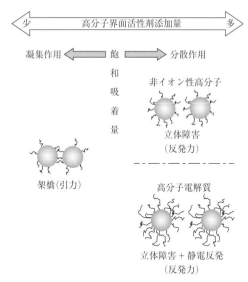

図 4.13 高分子の吸着による粒子間相互作用

$$V_{\mathrm{M}}(h) = \frac{4}{3}\pi kTBC_{\mathrm{P}}^2\left(\delta - \frac{h}{2}\right)^2\left(\frac{3}{2}x + 2\delta + \frac{h}{2}\right) \tag{4.10}$$

ここで，δ [m] は吸着層の厚さ，T [K] は温度，h [m] は粒子表面間距離，C_{P} [m^{-2}] は吸着層中のセグメント密度である．また，B [m$^3\cdot$mol$\cdot$kg^{-2}] は第二ビリアル係数で，高分子の排除体積に相当する値であり，良溶媒中では $B>0$ となり反発力となるが，貧溶媒中では逆に $B<0$ となり，高分子吸着により引力が発生する．

図 4.14 に，2 μm のアルミナ研磨材粒子に分子量 8000，重合度 100 のポリカルボン酸アンモニウム塩が完全に伸長した状態で被覆率 100%吸着した場合のポテンシャル曲線を，式(4.10)より求め，示した．ポテンシャルの計算に必要な高分子のパラメータは各原子の結合長から算出し[8]，高分子の長さ 60 nm，専有面積 7.5×10^{-20} m^2，第二ビリアル係数 4.23 m$^3\cdot$mol$\cdot$kg^{-2}，吸着層中のセグメント密度 1.69×10^{10} m^{-2} を用いた．図中の破線は，比較のために示した高分子が吸着していない場合のポテンシャル曲線の一例(DLVO 理論より算出)である．吸着層の重なりとともにポテンシャルは徐々に増加しており，また，DLVO 理論のような急激な傾きは得られないものの，ある距離で低下することはなく，全域に

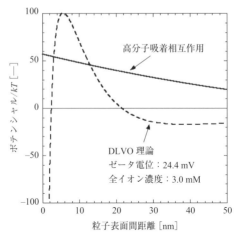

図 4.14 高分子吸着層ポテンシャル

わたって安定して反発力が発生することがわかる．ただし，式(4.10)を使うには，入手が容易でない吸着層厚さや第二ビリアル係数といった情報が必要であるのでDLVO理論のように手軽に利用できないという問題がある．

吸着した高分子界面活性剤がイオン性であれば，立体反発力に加えて粒子間に静電反発力も作用するのでより高い分散効果を発揮する．

4.4 高分子枯渇相互作用

前節の条件からさらに高分子を添加していくと，媒液側に未吸着高分子が大量に存在することになる．この状態で2粒子が接近すると，図4.15のように未吸着高分子が粒子間隙から排除され，粒子間隙だけが局所的に高分子濃度が低い状態になる．その結果，粒子間隙の媒液が外部の高分子濃度を下げようとする浸透圧が発生し粒子間には負圧，すなわち引力が作用する（枯渇引力）．ここからさらに高分子量が増大すると，粒子が接近しても間隙から高分子を排除することができなくなり，粒子同士の接触が妨げられ見かけの反発力が発生する（枯渇安定化）．これらの効果は枯渇 (depletion) 相互作用または枯渇効果とよばれ，朝倉・大沢[9,10]により球状コロイドのモデル系から理論的に提唱され，多くの研究者に

よって実験的な確認が行われてきた．例えばスペリー(Sperry)ら[11]は数百nmのポリスチレンラテックス粒子を20mass％の濃度で水に分散させたスラリーに，分子量数万～数十万のヒドロキシエチルセルロースを添加し，粒子の分散状態の変化を顕微鏡による直接観察およびスラリーの粘度変化により検討した．その結果，図4.16のように，ある高分子濃度で粘度が急激に増加する臨界凝集濃度の存在が確認され，また，粘度測定時の回転数が小さいほどその傾向が顕著に現れた．顕微鏡によるスラリーの直接観察により，臨界濃度以下ではラテックス粒子

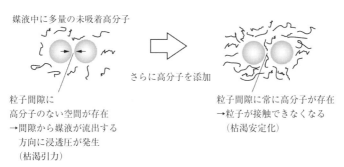

図 4.15 高分子枯渇相互作用

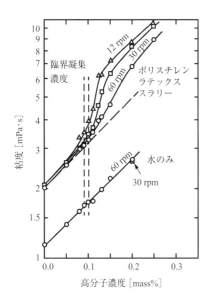

図 4.16 高分子添加によるポリスチレンラテックススラリーの粘度変化
［Asakura, S., F. Oosawa: *J. Polymer Sci.*, **33**, 183-192(1958)］

がブラウン運動していたが，臨界粒子濃度以上では運動していなかったこと，水に高分子を添加しただけではこのような現象が見られなかったことから，この結果は枯渇引力による緩い粒子凝集がもたらされたためと結論づけている．その他いくつかの実験報告[7]があるが，いずれも粒子濃度が低い，大量の非イオン性高分子を添加する，といった条件下での結果である．

著者らも高分子電解質を過剰添加することにより粒子が塊状に凝集することを確認しているが，その原因は5.4節で紹介するとおり，電解質の過剰添加による塩析効果によるものであった[12]．著者らが見聞した範囲内では，枯渇相互作用が原因と思われる現象を確認していない．

4.5 粒子間力直接測定

スラリー中の粒子の分散状態を最終的に決定するのは，粒子表面間に働く相互作用力(粒子間力)であるが，この力を理論的に推定することはきわめて限定された場合に限られる．したがって，複雑な系に対しても適用できる直接観察法の開発が望まれていたが，1970年代末に表面間力測定装置(SFA)が開発され[13]，さらにより扱いやすい原子間力顕微鏡(AFM)が開発されて，この分野において大きな学術的進歩を促した．

4.5.1 表面間力測定装置(SFA)

図4.17に，イスラエルアチヴィリ(Israelachvili)らによって開発された表面間力測定装置(SFA：surface force apparatus)[14]を示した．この装置によって平滑雲母表面間に働く力と距離の関係が精密に測定された．雲母板は中心軸が直交する円筒面に固定され，雲母間の距離は干渉縞により測定され，雲母間に働く力はカンチレバーのたわみ量から計算される．カンチレバーのたわみ量は，ピエゾ素子により移動させた距離と雲母間距離の差として求められる．

この装置を用いてファンデルワールス力の測定やDLVO理論の検証が行われた．図4.18は，雲母板表面を改質剤により疎水化処理した影響をみたもので，図中の実線はDLVO理論から算出した理論線，破線は測定値の傾向線であり，右上に挿入されたグラフは疎水化していない雲母板を使用した結果である．

4.5 粒子間力直接測定　63

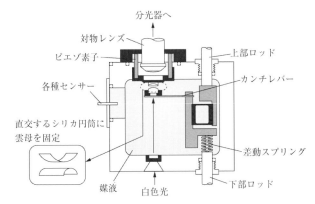

図 4.17 表面間力測定装置（SFA）

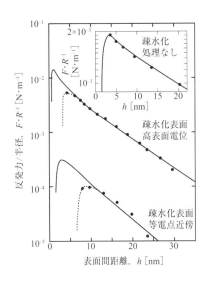

図 4.18 表面間力測定装置の実測例
[Israelachvili, J., R. Pashley: *Nature*, **300**, 341-342(1982)]

　疎水化処理していない雲母においては，実測値と理論値は表面極近傍からよく一致しており，DLVO 理論の精度を実測値によって裏づけている．一方，疎水化処理をした表面では，表面近傍で実測値は理論値を下回っているので，DLVO 理論では考慮されていない引力が作用していることがわかる．これが 4.2 節で説明した疎水性相互作用であるとされている．反発力は表面電位が高いほど高い．また，等電点近傍の表面電位のデータから，疎水性相互作用は 10 nm あたりか

ら効き出していることがわかる.

近年では雲母表面をさまざまな界面活性剤や高分子で被覆することで, 非DLVO力の直接測定が数多く行われているほか, 表面を接触させた状態で水平方向に動かし, 摩擦力の直接測定にも利用されるなど, 幅広い分野で活用されている.

4.5.2 原子間力顕微鏡(AFM)

SFA は, 測定精度は高いものの測定対象物は平滑な表面をもつ雲母に限られる. それに対して原子間力顕微鏡(AFM：atomic force microscope)は測定対象を選ばないのが特徴で, 近年急速に利用が広がった.

AFM[14]において, 図 4.19 に示すようにカンチレバーとよばれる片持ち梁の先端に接着された粒子に, 試料平板をピエゾ素子によって接近させ, カンチレバーのたわみ量から粒子と平板間に働く力を測定する. カンチレバーのたわみ量は, 光てこによって測定される. 平板と粒子との表面間力を測定するのが一般的であるが, 粉体を平板状に圧縮成型したものを用いれば, 粒子間の表面間力の測定も可能である.

AFM は SFA に比べ装置の取扱いは比較的簡単であるが, コロイドプローブの作成にはそれなりの熟練技術が必要である. ただし近年では, シリカなどの一般的な粒子や, カーボンナノチューブを固定したコロイドプローブが市販されており, 使いやすくなってきている. また, 高分子の吸着層厚さを知りたい場合など, 絶対的な反発力の測定自体は重要でない場合は, コロイドプローブを使用しなくても, カンチレバーのみで測定が可能である.

図 4.20 は著者らが測定した, 表面改質により正に帯電させたガラス基板表面

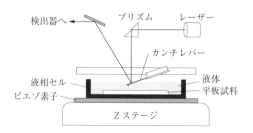

図 4.19 原子間力顕微鏡(AFM)

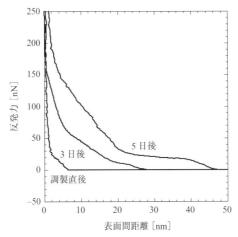

図 4.20 原子間力顕微鏡(AFM)を用いた高分子吸着層厚さの経時変化測定
[佐藤根大士, 上野雄平, 飯村健次, 鈴木道隆：粉体工学会誌, **50**, 625-631(2013)]

に吸着した，ポリカルボン酸アンモニウムの吸着層厚さの経時変化[8]である．吸着直後は高分子が収縮して反発力は粒子表面のごく近傍からしか発生していないが，時間の経過とともにより遠方から反発力が発生しており，吸着後に高分子が徐々に緩和・伸張していることがわかる．この結果はガラス基板上の測定結果であるが，同じポリマーを Mg 無添加アルミナ表面に吸着させ，動的光散乱法により粒子径の経時変化を測定したところ，図 4.21 のように，時間の経過とともに測定される粒子径が増大するという AFM の測定結果と対応した結果が得られた．このように，AFM を用いることで粒子表面に吸着した高分子の形態変化を推測できるといえる．さらに，Mg 無添加アルミナとポリカルボン酸アンモニウムを用いて，飽和吸着量の 50％となるようなスラリーを調製し，調製に要する時間を変えて沈降静水圧法によりスラリーの分散凝集状態の変化を評価した．8.1.2 項に説明するように，静水圧曲線の傾きが緩やかなほどそのスラリーは良分散状態であるといえるので，図 4.22 から，調製直後は凝集状態だったスラリーが時間の経過とともに分散状態に移行していることがわかる．この結果は，AFM および DLS による吸着層厚さの測定結果とよく対応している．このように，AFM による粒子間力測定は，吸着層厚さなどの比較的長距離に作用する相互作用の測

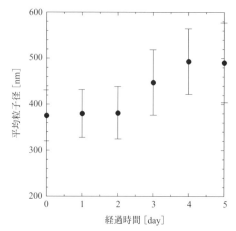

図 4.21 動的光散乱法を用いた高分子吸着層厚さの経時変化測定
〔佐藤根大士,上野雄平,飯村健次,鈴木道隆:粉体工学会誌,**50**, 625-631(2013)〕

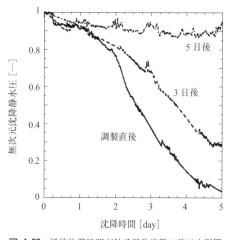

図 4.22 撹拌放置時間が粒子凝集状態に及ぼす影響
(分散剤添加量:0.8 mg·g^{-1}Al$_2$O$_3$)
〔佐藤根大士,上野雄平,飯村健次,鈴木道隆:粉体工学会誌,**50**, 625-631(2013)〕

定に有用であり,その他の測定法と組み合わせることで,ミクロな現象とマクロな現象をつなげることも可能になる.また,さまざまな材質の表面を使用可能であることから,非常に幅広い分野での応用が期待できる.

引用文献

1) 粉体工学会編："粉体工学叢書第 4 巻　液相中の粒子分散・凝集と分離操作", pp.28-30, 日刊工業新聞社(2010).
2) Hamaker, H. C.: "The London—van der Waals Attraction between Spherical Particles" *Physica*, **4**, 1058-1072(1937).
3) 文献 1), pp.243-257
4) 佐藤根大士："沈降粒子堆積層の固化機構の解析", 名古屋大学学位論文(2008).
5) J. N. イスラエルアチヴィリ 著, 大島広行 訳："分子間力と表面力 第 3 版", pp.315-322(2013).
6) Ishida, N., T, Inoue, M, Miyahara and K. Higashitani: "Nano Bubbles on a Hydrophobic Surface in Water Observed by Tapping-Mode Atomic Force Microscopy", *Langmuir*, **16**, 6377-6380 (2000).
7) 日本化学会編："コロイド科学 Ⅰ．基礎および分散・吸着", pp.191-207, 東京化学同人 (1995).
8) 佐藤根大士, 上野雄平, 飯村健次, 鈴木道隆："高分子分散剤の吸着形態がスラリーの分散安定性に及ぼす影響", 粉体工学会誌, **50**, 625-631(2013).
9) Asakura, S. and F. Oosawa: "On Interaction between Two Bodies Immersed in a Solution of Macromolecules", *J. Chem. Phy.*, **22**, 1255-1256(1954).
10) Asakura, S. and F. Oosawa: "Interaction between Particles Suspended in Solutions of Macromolecules", *J. Polymer Sci.*, **33**, 183-192(1958).
11) Sperry, P. R., H. B. Hopfenberg and N. L. Thomas: "Flocculation of Latex by Water-Soluble Polymers: Experimental Confirmation of a Nonbridging, Nonadsorptive, Volume-Restriction Mechanism", *J. Colloid Interface Sci.*, **82**, 62-76(1981).
12) Mori, T., Y. Hori, H. Fei, I. Inamine, K. Asai, T. Kiguchi and J. Tsubaki: "Experimental Study about the Agglomeration Behavior in Slurry Prepared by Adding Excess Polyelectrolyte Dispersant", *Adv. Powder Technol.*, **23**, 661-666(2012).
13) Hunter, R. J. "Introduction to Modern Colloid Science", pp. 284-288, Oxford University Press (1993).
14) Israelachvili, J., R. Pashley: "The Hydrophobic Interaction is Long Range, Decaying Exponentially with Distance", *Nature*, **300**, 341-342(1982).

5 粒子の分散・凝集

スラリーの挙動が複雑なのは,粒子が単一粒子としてではなく凝集構造を形成して挙動するためである.粒子の分散・凝集は,まず粒子と媒液の親和性に支配されるので5.1節で親和性について説明する.粒子の凝集は,粒子が粒子間引力の及ぶ範囲まで接近したときに起こるので,5.2節で粒子の接近・衝突を取り上げ,5.3節で凝集機構および凝集形態について説明し,5.4節でその評価法を紹介する.

5.1 親液・疎液性(ぬれ性)

3章において説明したとおり,媒液との親和性の違いによって粒子は親液粒子と疎液粒子に分けられる.親液粒子の場合,媒液の分子が粒子表面に溶媒和するので,親液粒子の粉体層に媒液を注ぎ込めば,媒液は粉体の隅々にまで容易に行き渡る.粒子は媒液分子によって覆われているので,互いに衝突しても凝集することなく単一粒子単位でよく分散した状態を保ち続ける.

それに対して疎液粒子の場合は,ぬれ性の違いによって粒子と媒液間に働く力は図5.1に示すように違ってくる.ぬれ性のよい親液性疎液粒子では,図5.1(a)に示すように粒子と媒液には引力が働くため,粒子は媒液に,媒液は粉体中に引き込まれる.しかし,媒液中で粒子が接近すると,粒子にはファンデルワールス引力が作用するため,静電気力などの反発力が働いていないと,粒子は衝突によって凝集する.一方,ぬれ性の悪い疎液性疎液粒子では,表面張力によって媒液表面に浮上する粒子も出てくる.媒液に取り込まれた粒子でも,図5.1(b)に示すように粒子と媒液には反発力が働くため媒液は粉体中に入り込めず分散で

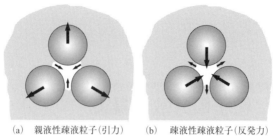

(a) 親液性疎液粒子(引力)　　(b) 疎液性疎液粒子(反発力)

図 5.1　粒子の親液・疎液性と粒子/媒液間に働く力

きない粒子がでてくる．これがいわゆる継粉(ままこ)あるいはダマとよばれる状態である．このとき反発力は粉体に対して圧縮力として働くため粒子間隙は狭くなる．3.1.2項で説明したとおり，反発力(粉体圧縮力)は粒子間隙に逆比例するため，さらに強い圧縮力が働くことになる．したがって，いったんできた継粉を解きほぐすことは容易でなくなる．媒液中に取り込まれても，疎液性疎液粒子間にはファンデルワールス引力に加えて疎水性相互作用による引力が働くので，容易に凝集する．また，凝集しているほうが粒子の界面エネルギーは低下しているため凝集体を解くには強い外力と再凝集を防ぐ手立てが必要となる．

5.2　粒子の接近・衝突

5.2.1　粒　子　濃　度

粒子濃度が高ければ粒子間距離は短くなるので，衝突は頻繁に起こり凝集しやすくなる．著者[1]は粒子間隔と粒子間距離を図5.2のように定義し，直径 x [m] の均一球形粒子のスラリーに対してその濃度依存性を理論的に求めた．

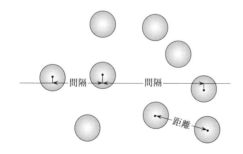

図 5.2　粒子間隔，粒子間距離の定義

5.2 粒子の接近・衝突

　太さゼロの仮想の棒でスラリー中の粒子を串刺しにした場合に，粒子を貫通している長さの割合は粒子の体積分率(濃度)ϕ [—]に等しいことを利用すると，粒子径で無次元化した平均粒子間隔L^* [—]は次式で求められる．

$$L^* = \frac{2}{3\phi} \tag{5.1}$$

式(5.1)の計算結果を図5.3に示した．30vol%程度のスラリーでは隣りの粒子までは平均すると1個分ぐらいの間隔が空いていることがわかる．凝集挙動においては，最も近くに存在する(最近接)粒子の位置が重要である．図5.4に示すように，スラリー中のある粒子に着目し，その周りに半径r [m]の仮想球を考え，仮想球内に存在する粒子数をn [—]とすると次の物質収支式が成り立つ．

$$\frac{4\pi}{3}\left\{r^3 - \left(\frac{x}{2}\right)^3\right\}\phi = n\frac{\pi x^3}{6} \tag{5.2}$$

式(5.2)で$n=1$として解くと，着目粒子に最近接している粒子の位置R [m]を求めることができる．図5.3にRを粒子径で無次元化して示した．5vol%以下のスラリーでも，粒子1個分の距離を空けることなく最近接粒子が存在していることがわかる．また，$r=x/2$として式(5.2)を解けば，図5.3に併せて示したよ

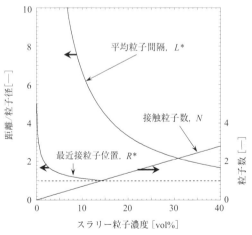

図5.3 平均粒子間隔，最近接粒子位置，着目粒子への接触粒子数

[Tsubaki, J.: *J. Chinese Inst. Chem. Eng.*, **35**, 47-54(2004)]

図5.4 着目粒子と仮想球

うに着目粒子に接している粒子数 N [—] を求めることができる．図から明らかなとおり，粒子濃度が 15vol% を超すと，粒子は常に他の粒子と接触していて，30vol% を超すと常に 2 個以上の粒子と接触しているので，幾何学的にすべての粒子がつながり得ることになる．

5.2.2 ブラウン(Brown)凝集

粒子が懸濁している液体の分子は絶えず熱振動し，粒子に衝突している．粒子が小さいと，粒子は分子の衝突により移動する．分子はランダム方向から絶えず衝突してくるので，粒子はジグザグに運動(ブラウン運動)する．図 5.5 に示すように，時間ゼロにおいて点 O にあったある個数の粒子がブラウン運動する場合を考えると，粒子は時間とともに広がっていく(ブラウン拡散)が，どちらの方向にも同じ確率でランダムに移動するので，粒子の変位量 $\vec{r}$ [m] の全粒子についての平均 $\langle \vec{r} \rangle$ はゼロになり，粒子の拡散挙動を記述することができない．そこで変位量の絶対値の平均となる二乗平均 $\langle \vec{r}^2 \rangle$ をとると，フィック(Fick)の拡散式の解と正規分布の対比から，t [s] 後の粒子の二乗平均変位量は，次式によって粒子の拡散係数 D [m$^2\cdot$s^{-1}] と関係づけられる．

$$\sqrt{\langle \vec{r}^2 \rangle} = \sqrt{2Dt} \tag{5.3}$$

また粒子の拡散は，粒子のブラウン運動が推進力になり粘性が抵抗となって起こるので，直径 x [m] の粒子拡散係数は，媒液の温度 T [K]，粘度 μ [Pa·s] によって次のように与えられる．

$$D = \frac{kT}{3\pi\mu x} \tag{5.4}$$

ここで，$k = 1.38 \times 10^{-23}$ J·K^{-1} (ボルツマン定数)である．

静止流体中でブラウン運動と並んで重要なのは，粒子の重力沈降である．無限

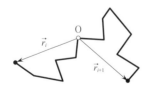

図 5.5 点 O から拡散を始めた粒子の t [s] 後の位置

媒体中で1個の粒子が沈降するときの速度 u_∞ [m·s^{-1}] は，粒子と流体の密度をそれぞれ ρ_p, ρ_l [kg·m^{-3}] とすると，次のストークス(Stokes)式で与えられる．

$$u_\infty = \frac{(\rho_p - \rho_l)x^2 g}{18\mu} \tag{5.5}$$

20℃の水に懸濁している密度 3000 kg·m^{-3} の粒子の1s間の拡散変位量 $\sqrt{\langle \vec{r}_{t=1}^2 \rangle}$ と，沈降速度 u_∞ を図 5.6 に示した．図から明らかなように，だいたい 1 μm より小さい粒子では拡散による移動が支配的になる．

ブラウン拡散する粒子はランダムな方向に運動するため粒子同士が衝突し，粒子間に引力が働けば衝突粒子は凝集する．スモルコフスキー(Smoluchowski)は，衝突粒子はすべて凝集するとして次の凝集速度式を導いた[2]．

$$\frac{dn}{dt} = -\frac{4kT}{3\mu}n^2 \tag{5.6}$$

ここで，n [m^{-3}] は粒子個数濃度である．初期の粒子個数濃度を n_0 とすると，式(5.6)より個数濃度が $n_0/2$ となる半減時間 $t^B_{1/2}$ [s] を次式で求めることができる．

$$t^B_{1/2} = \frac{3\mu}{4kTn_0} \tag{5.7}$$

さらに，個数濃度を体積分率 ϕ [―] に書き換えると，次式となる．

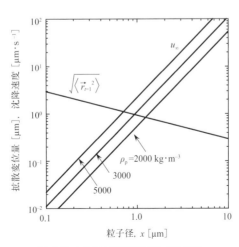

図 5.6　1秒間の拡散変位量と沈降速度

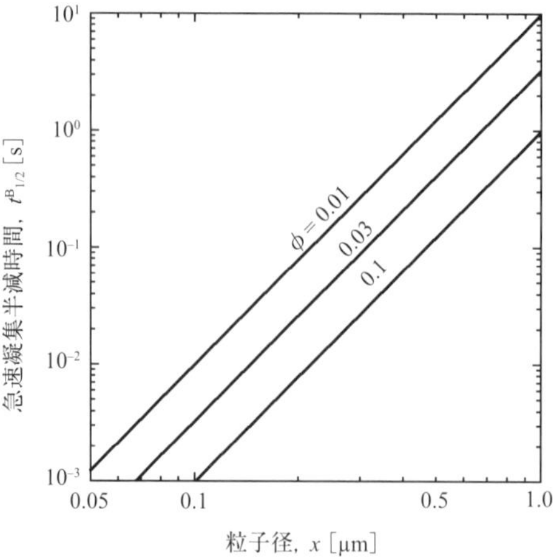

図 5.7 急速凝集半減時間

$$t^{\mathrm{B}}{}_{1/2} = \frac{\pi \mu x^3}{8kT\phi} \tag{5.8}$$

20℃の水に懸濁している粒子の半減時間を図5.7に示したが，1 μm より小さい粒子であれば瞬時に凝集してしまうことがわかる．

5.2.3 沈 降 凝 集

スラリー中粒子の沈降速度は，式(5.5)に示すように粒子径の二乗に比例するので，粒子径が 1 μm より大きくなると図5.6から推測されるように，静止流体中での凝集は拡散による凝集ではなく沈降速度差による凝集が支配的になる．

粒子径分布と粒子の沈降速度から粒子の衝突頻度を計算できる．著者[1]は，粒子径分布を式(5.9)の質量基準対数正規分布，粒子の沈降速度を式(5.5)に粒子体積分率 ϕ [—] の補正を加えた式(5.10)で与えて粒子の衝突頻度を計算した．

$$q_3(\ln x^*) = \frac{1}{\sqrt{2\pi} \ln \sigma_g} \exp\left(-\frac{\ln^2 x^*}{2\ln^2 \sigma_g}\right) \tag{5.9}$$

$$u = \frac{(\rho_p - \rho_l)x^2 g}{18\mu}(1-\phi)^{4.65} \tag{5.10}$$

ここで，x^* は無次元粒子径，$x^* = x/x_{50}$，σ_g は幾何標準偏差，$\sigma_g = x_{84}/x_{50} =$

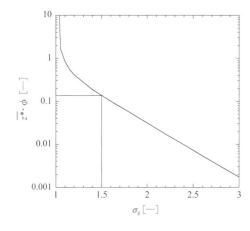

図 5.8 平均衝突自由行程
［Tsubaki, J.: *J. Chinese Inst. Chem. Eng.*, **35**, 47-54(2004)］

x_{50}/x_{16} である．図 5.8 に，衝突したある粒子が次の衝突までに沈降できる距離（平均衝突自由行程）$\overline{z}$ [m] の計算結果を，平均粒子径で無次元化 ($\overline{z^*}=\overline{z}/x_{50}$) して示した．例えば $\sigma_g=1.5$ のかなり狭い粒子径分布でも，図より $\overline{z^*}\cdot\phi\approx 0.1$ であるから，10vol％スラリーでは $\overline{z^*}=1$ となり，粒子 1 個分沈降するごとに衝突していることになる．1vol％でも粒子 10 個分しかない．これを $\rho_p=3000\,\mathrm{kg\cdot m^{-3}}$，$x_{50}=1.0\,\mathrm{\mu m}$ の粒子で考えると，1 個の粒子は 10vol％では 1.5 秒，1vol％では 10 秒ごとに衝突を繰り返していることになり，スラリー全体の衝突回数は膨大な数になる．

衝突により粒子が凝集すると凝集粒子の沈降速度は大きくなるため，いったん凝集が始まると凝集粒子は加速度的に成長していき，沈降過程においてはスラリー中に濃度むらを生じることが，シミュレーション計算[3]および実験[4]により確認されている．

5.2.4 剪 断 凝 集

液体を平行平板で挟んで一方の板だけを平行を保ちながら速さ u [m·s^{-1}] で移動させると，図 5.9 に示すように速度勾配ができる．この速度勾配 $u/\varDelta$ はひずみ速度あるいは剪（せん）断速度 γ [s^{-1}] とよばれ，剪断流れを特徴づける．流れに乗った粒子はこの速度勾配によって凝集する．スモルコフスキーは剪断凝集に関して次の速度式を導出した[1]．

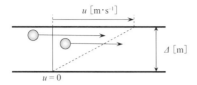

図 5.9 剪断流れによる粒子衝突

$$\frac{dn}{dt} = -\frac{2}{3}\gamma x^3 n^2 \tag{5.11}$$

この式を積分して,衝突した粒子はすべて凝集するとして半減時間を求めると,次式となる.

$$t^S_{1/2} = \frac{\pi}{4\gamma\phi} \tag{5.12}$$

実際のスラリー操作では,スラリーを撹拌したりパイプ輸送するときに剪断流れが発生するが,ブラウン凝集と剪断凝集のどちらが支配的なのか,両者の急速凝集半減時間と比較してみると,

$$\frac{t^S_{1/2}}{t^B_{1/2}} = \frac{2kT}{\gamma\mu x^3} \tag{5.13}$$

となる.常温の水系スラリーで発生する剪断速度は〜50 s^{-1}程度であるので,0.5 μm より小さな粒子ではブラウン凝集が支配的だが,大きな粒子では剪断流れによる凝集が支配的になる[1].ただ,剪断流れには凝集体を壊す働きもあるので,剪断流れ場では凝集体が成長し続けることはない.

図 5.10[5]は,Mg 無添加アルミナの 0.1vol%スラリーを静置したときの沈降界面高さの経時変化で,スラリーに直流電場(1.67 V·cm^{-1})を印加し粒子の誘電分極の影響を検討した.図から明らかなとおり,スラリーを撹拌せず電場を印加するだけでも沈降界面の降下速度が増しているが,撹拌回転速度を 200 rpm にすると凝集は著しく進行する.しかし,500 rpm まで上げると剪断流れ場による分散効果のほうが勝り,撹拌なしの場合よりも粒子は分散状態にある.誘電分極による凝集については 15 章で説明する.

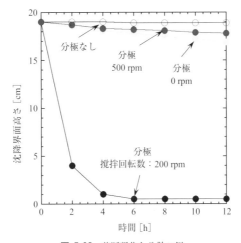

図 5.10 剪断凝集と分散の例
［常磐定輝：2014年度法政大学生命科学部卒業論文（2015）］

5.3 凝集機構と凝集形態

5.3.1 反発力が働かない場合（急速凝集）

図4.4に示すポテンシャル障壁がない場合や，図4.13に示す粒子が架橋凝集できる状態（未飽和吸着）にあるときは，粒子の接近から衝突に至る過程で反発力がまったく働かないため衝突する粒子はすべて凝集する．このように，衝突粒子がすべて凝集する凝集機構は急速凝集とよばれ，図1.1(a)に示すようにどのように衝突接触しても必ず凝集するため，凝集体は枝状に成長し網状凝集体を形成する．

5.3.2 反発力が働く場合（緩慢凝集）

図4.5，4.6に示すようにポテンシャル障壁がある場合は，衝突粒子すべてが凝集するとは限らず，衝突後反発して離れていく粒子も出てくる．このように衝突しても凝集しない粒子があるような凝集は緩慢（緩速）凝集とよばれる．衝突と凝集の関係は次の安定度比 W［—］で表される．

$$W = \frac{\text{単位時間の衝突回数}}{\text{単位時間の衝突回数のうち凝集に至った回数}} \tag{5.14}$$

また,オーバービーク(Overbeek)は,帯電粒子に対して次式を導出した[6].

$$W = \frac{1}{\kappa x}\exp\left(\frac{V_{\max}}{kT}\right) \tag{5.15}$$

ここで,$\kappa\,[\mathrm{m}^{-1}]$は式(3.9)で求められる粒子近傍の電気二重層厚さの逆数で,電気二重層の厚さはイオン濃度が低いほど厚く,図3.9に示したように純水で1.0 μm弱となる.$V_{\max}\,[\mathrm{J}]$は粒子間ポテンシャルの最大値である.

これより,緩慢凝集の半減時間 $t^{\mathrm{B}}_{\mathrm{s},1/2}\,[\mathrm{s}]$は次式で求められる.

$$t^{\mathrm{B}}_{\mathrm{s},1/2} = W t^{\mathrm{B}}_{1/2} \tag{5.16}$$

例えば,図5.7に示した1 μm粒子の10 vol%スラリーで,半減時間を1 h以上にするためには $W > 3600$ でなければならない.媒液中の全イオンが特定できその濃度がわかれば,式(5.15)よりそのために必要な $V_{\max}$ を求めることができる.

図4.5, 4.6に示すようなポテンシャル障壁の場合,粒子がポテンシャル障壁を乗り越えて接近すると,今度は強い引力が働くため粒子は凝集する.それに対して,高分子吸着層によって形成されるポテンシャルは,図4.14に示すように粒子が接触するまで一様に増大しているので粒子に引力が作用することはないが,高分子が電解質であればポテンシャル障壁が形成されるので,障壁を越えるとやはり引力が作用する.

図5.11に示すように,衝突時に粒子の相対運動方向と粒子中心方向がなす角 θ を衝突角とすると,θ がある立体角 Ω より小さいとき付着して凝集し,$\theta > \Omega$

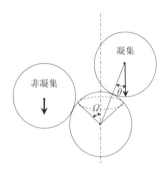

図 5.11 粒子の衝突角と凝集

のとき付着できずに反発すると考える．粒子間引力が強い場合は$\Omega=2\pi$でも，接触すれば必ず付着凝集する．引力が弱くなると接触後凝集できる立体角の範囲は小さくなり，引力が働かない場合は$\Omega=0$となる．したがって，引力が弱い場合は，より正面から衝突した粒子だけが付着凝集できるため，凝集体は塊状になり，$\Omega=2\pi$の場合は網状凝集となる．

塩濃度の影響： 塩の添加が粒子間ポテンシャルに及ぼす影響については，図4.9に示してある．ここでは2 μmのアルミナ研磨材スラリーを例にNaClの添加が粒子間ポテンシャルと粒子の凝集挙動に及ぼす影響を見てみる．HClの添加によって良分散状態のpH 4.2に保ちながら，NaCl濃度が0，40，100 mMになるようにスラリーを調製した場合の粒子間ポテンシャルを図5.12に示した．ファンデルワールスポテンシャルは式(4.2)から明らかなとおり，ハマカー定数と粒子径だけで決まるので塩濃度の影響を受けない．一方，電気二重層ポテンシャルは式(4.1)より塩濃度の影響を受けるので，図5.12に示すように，塩濃度の増加とともに電気二重層が圧縮され，全相互作用のポテンシャル障壁は低くなり，粒子は凝集しやすくなる．20vol%スラリーで塩濃度を変えて沈降堆積試験を行い30日後の様子をみたのが，図5.13である．塩無添加の場合は，図5.12に示すようにポテンシャル障壁は$300\,kT$を超えているので，30日後でも粒子は良好な

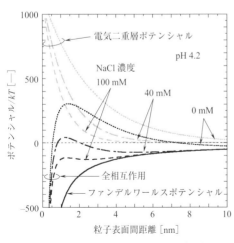

図 5.12 塩添加によるポテンシャル曲線の変化

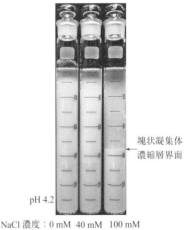

NaCl濃度：0 mM 40 mM 100 mM

図 5.13 塩添加による堆積挙動(沈降開始30日後)の変化

分散状態を保っている．塩濃度が 40 mM でもポテンシャル障壁は 50 kT を超えているので，まだ分散状態を保っている．しかし，100 mM まで塩濃度が増すと，ポテンシャル障壁は消えかかって粒子は凝集しやすくなる．しかし図 5.12 からわかるとおり，粒子に強い引力が働くのは表面間距離が 1 nm ぐらいまで接近してからで，それまでは引力が弱いかわずかではあるが反発力が働くので，粒子は網状ではなく塊状に凝集して塊状凝集体の濃縮層を形成し，最終的に堆積層を形成する．このような塩の添加による凝集は凝析とよばれている．

高分子を分散剤として用いる場合でも，高分子が電解質であればやはり塩濃度が影響を及ぼす．図 5.14[7)]は，Mg 添加アルミナを濃度の異なるポリカルボン酸アンモニウム（PCA）水溶液中に 5vol%で分散させ，沈降開始 24 h 後の様子をみたものである．図から明らかなとおり，PCA 濃度が 1.6 g·L^{-1} の場合は粒子の沈降はわずかで沈降界面も不明瞭で，粒子はよく分散していることがわかる．したがって，PCA は粒子に飽和吸着し媒液中にはほとんど存在していない状態である．それに対して，PCA 濃度が 0.2 と 22 g·L^{-1} の場合は 24 h ですべての粒子が沈降しきっていて同じように凝集体を形成しているが，PCA の存在状態は異なっている．0.2 g·L^{-1} では，PCA が少ないため飽和吸着できず，PCA は粒子間に存在し粒子を架橋している．一方 22 g·L^{-1} では，飽和吸着量を上回る PCA が

凝集状態	網状凝集	良分散	塊状凝集
PCA 濃度 [g·L^{-1}]	0.2	1.6	22
沈降開始 24 h 後のスラリー 集合状態モデル	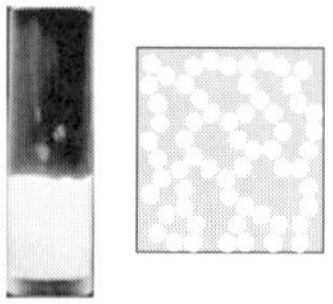	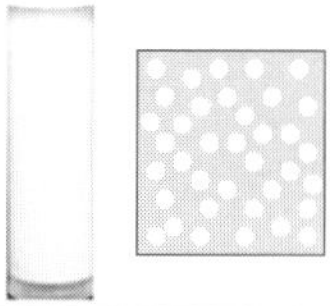	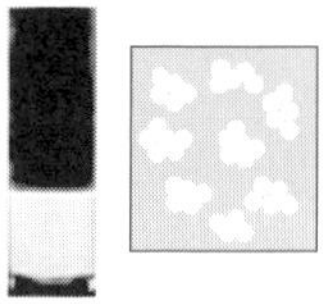
PCA の存在状態	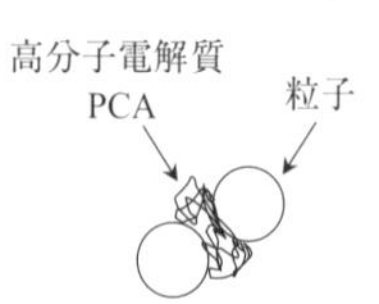 高分子電解質 PCA　粒子		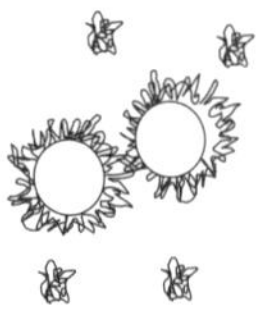

図 5.14　高分子電解質（PCA）添加量が粒子集合状態に及ぼす影響
[Mori T., Y. Hori, H. Fei, I. Inamine, K. Asai, T. Kiguchi and J. Tsubaki: *Adv. Powder Technol.*, 23, 661–666(2012)]

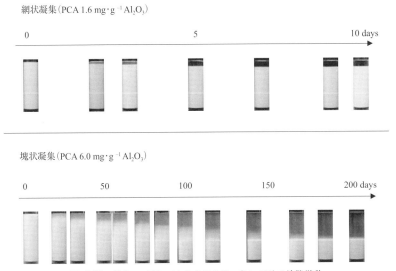

図 5.15 凝集 Mg 添加アルミナスラリー(20vol%)の沈降挙動
[木口崇彦,稲嶺育恵,佐藤根大士,森隆昌,椿淳一郎:粉体工学会誌, **47**, 616-622(2010)]

存在するため,吸着できない PCA は媒液中に分散していて,PCA 中のカルボン酸イオンは図 3.29 に示すように Mg^{2+} によって架橋され糸まり状になっている.図 5.15[8)]で PCA 不足系と過剰添加 Mg 添加アルミナスラリー(濃度はともに 20vol%)の沈降過程を見てみると,不足系スラリー(PCA 1.6 mg·$g^{-1}Al_2O_3$)では沈降初期から集合沈降となっているのに対し,過剰添加スラリー(PCA 6.0 mg·$g^{-1}Al_2O_3$)は成相沈降となっている.このことより,粒子の集合状態は図 5.14 のモデルに示すように,不足系スラリーでは網状に凝集し,過剰添加スラリーでは塊状に凝集していることがわかる.

　高分子電解質過剰添加による粒子の塊状凝集は,未吸着高分子の枯渇作用(4.4 節参照)によるものであるとする説[9)]がある.その説を確認するため,5vol%の Mg 添加アルミナスラリーを PCA 添加により良分散状態(4.0 mg·$g^{-1}Al_2O_3$)に調製し(スラリー A),スラリー A にさらに過剰の PCA を添加したスラリー B,PCA とほぼ同じ分子量で非イオン性のポリビニルアルコール(PVA)を添加したスラリー C,同じく非イオン性のポリエチレングリコール(PEG)を添加したスラリー D,NaCl を添加したスラリー E を調製し,沈降 24 h 後の様子を観察すると,

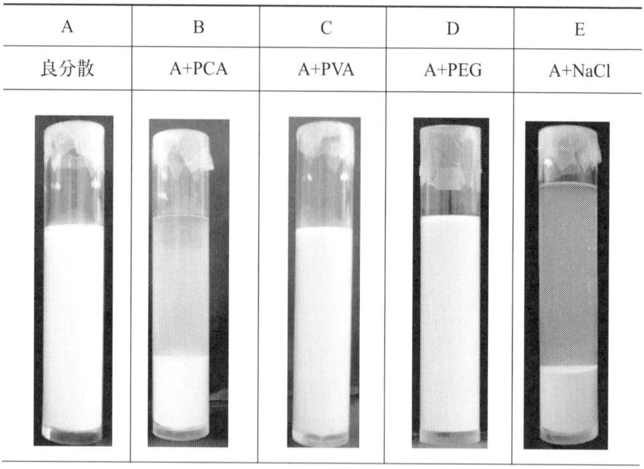

	A	B	C	D	E
	良分散	A+PCA	A+PVA	A+PEG	A+NaCl

図 5.16 種々の添加物による Mg 添加アルミナの集合状態変化(PCA：ポリカルボン酸アンモニウム，PVA：ポリビニルアルコール，PEG：ポリエチレングリコール)
[Mori T., Y. Hori, H. Fei, I. Inamine, K. Asai, T. Kiguchi and J. Tsubaki: *Adv. Powder Technol.*, 23, 661-666(2012)]

図 5.16[7]のようになった．なお，スラリー B，C，D では全高分子添加量が等しくなるように添加し，スラリー B，E ではイオン濃度(PCA は 100%解離と仮定)が等しくなるように添加した．非イオン性高分子を添加したスラリー C，D では凝集は起こらず，無機塩である NaCl を添加したスラリー E でのみ粒子の凝集が

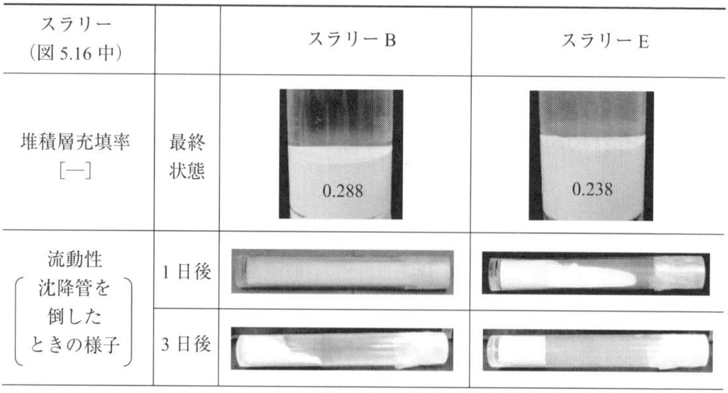

スラリー (図5.16中)		スラリー B	スラリー E
堆積層充填率 [―]	最終状態	0.288	0.238
流動性 沈降管を 倒した ときの様子	1日後		
	3日後		

図 5.17 高分子電解質および無機塩添加で凝集したスラリーの比較

確認された．この実験から，高分子電解質の過剰添加による塊状凝集は枯渇作用によるものではなく，図 5.12, 5.13 に示した無機塩添加による凝集と同じく電気二重層の圧縮によるものであると結論づけた．

図 5.17 にスラリー B と E の堆積層の様子を示したが，PCA 過剰添加スラリー堆積層 B のほうが堆積層充填率は高く，流動性もよくなっている（6.2.3 項参照）．流動性の向上は，未吸着 PCA が粒子間の摩擦抵抗を低減させているためと思われる．

イオン価数の影響（シュルツ・ハーディー則）： イオン濃度だけでなくイオン価数も粒子の凝集に大きく影響する．表 5.1[10,11]は As_2S_3 と Fe_2O_3 ゾルの無機塩の臨界凝集濃度を示している．塩濃度を上げていくと粒子の凝集は促進されるが，ある濃度（臨界凝集濃度）ですべての粒子が速やかに凝集する．粒子が帯電している場合，粒子の電荷とは反対符号の対イオンの価数が凝集に支配的に影響する．表 5.1 の例では，As_2S_3 粒子では陽イオンが，正に帯電する Fe_2O_3 粒子では陰イオンが凝集挙動を支配する．表 5.1 に示す臨界凝集濃度は，対イオン価数の 6 乗

表 5.1　シュルツ・ハーディー則

対イオン価数	As_2S_3（負に帯電）		Fe_2O_3（正に帯電）	
	添加塩	臨界凝集濃度 [mM]	添加塩	臨界凝集濃度 [mM]
1	NaCl	51.0	NaCl	9.25
	KCl	49.5	KCl	9.00
	KNO_3	50.0	$BaCl_2$	4.80
	K_2SO_4	32.8	KNO_3	12.0
	LiCl	58.0		
2	$MgCl_2$	0.72	K_2SO_4	0.205
	$MgSO_4$	0.81	$K_2Cr_2O_7$	0.195
	$CaCl_2$	0.65	$MgSO_4$	0.220
3	$AlCl_3$	0.093		
	$Al(NO_3)_3$	0.095		
	$Ce(NO_3)_3$	0.080		

［Hunter, R. J.: "Introduction to Modern Colloid Science", p. 51, Oxford University Press (1993); 鈴木四朗，近藤保："入門コロイドと界面の科学", p. 26, 三共出版 (2000)］

にだいたい逆比例することが経験的に知られ，シュルツ・ハーディー(Schultz-Hardy)則とよばれている．Al 塩が凝集剤として広く用いられるのはこの理由による．シュルツ・ハーディー則は経験則ではあるが，DLVO 理論からも同様な結果が得られており理論的に裏づけられている[12]．

5.4　分散・凝集状態の評価

分散・凝集状態の評価はさまざまな方法によって行われているが，流動性評価，沈降試験，沪過試験については，6.2 節，8.1 節，8.2 節においてそれぞれ詳しく扱うので，ここでは濁度測定，粒子径分布測定，直接観察，浸透圧測定による評価法について説明する．

5.4.1　濁度，透過光強度測定

スラリーに入射した光は，粒子による散乱・吸収によって減衰するため，透過光強度は入射光強度よりも小さくなる．この減衰量は粒子の断面積の関数となる．いま粒子径 x_0 の粒子 n_0 個が凝集して n_{ag} 個の粒子径 $x_{ag}(>x_0)$ の粒子になったとすると，粒子の全体積は変わらないので $n_0 x_0^3 = n_{ag} x_{ag}^3$ となる．また凝集粒子断面積 $\propto n_{ag} x_{ag}^2 = n_0 x_0^3 / x_{ag}$ なので，凝集が進むにつれて断面積は小さくなり減衰量は少なくなる．したがって，入射光強度と透過光強度を測定すればスラリー中粒子の凝集・分散状態を評価することができる．

この方法は非接触測定なので，凝集・分散状態の経時変化を評価できる利点をもつが，光が透過しない高濃度スラリーには適用できない欠点をもつ．

5.4.2　粒子径分布測定

2.1.1 項で紹介したような粒子径分布測定装置も凝集状態の評価に利用できるが，以下のような注意が必要である．粒子径測定装置が対象とするスラリー濃度は ppm～% であるため，それよりスラリー濃度が高い場合は希釈しなければならないが，網目状の凝集構造などは希釈操作によって壊されていると考えなければならない．最も広く使われているレーザー回折・散乱法ではスラリーを撹拌・循環しながら測定するので，弱い凝集体も壊されていると考えなければならない．

したがって，粒子径分布測定による凝集状態の評価は，図5.27，5.28に示すような解砕操作の評価に限定される．

5.4.3 直接観察

スラリー中粒子の集合状態直接観察は，凍結乾燥法[13]，その場固化法[14]，スライドガラス法[15,16]によって行われている．

凍結乾燥法： 凍結乾燥法は少量サンプルスラリーを液体窒素などで瞬時に凍結し，減圧下で乾燥しSEMで観察する方法で，観察されるのは乾燥凝集体の概観だけで内部構造まではわからないことや，粒子間引力が小さいと乾燥時に凝集構造が崩れるなどの問題がある．

その場固化法： 高橋らは凍結乾燥法の欠点を克服する方法として，図5.18に示すその場固化法[14]を提案した．その場固化法では，粒子，媒液，分散剤のほかに粒子の分散・凝集状態に影響を及ぼさないモノマーと架橋剤を加えてスラリーを調製したのち，重合開始剤と触媒を加えて媒液をゲル化させる．粒子はゲル構造の中に固定されるので，ゲル構造をミクロトームで薄片状に切り出し，透過光により顕微鏡観察する．

図5.19は，分散剤にポリカルボン酸アンモニウムを使い粒子径 0.5 μm の易焼結アルミナを10mass%(2.73vol%)になるように調製した水系スラリーをその場固化し，厚さ 3 μm の薄片を切り出して直接観察した結果で，(a)は分散剤過少添加，(b)は最適添加，(c)は過剰添加スラリーである．これらの写真からわかるとおり，その場固化法は粒子凝集形態をよりありのままに観察できるが，分

図 5.18 その場固化法
［高橋実，大矢正代，藤正督：粉体工学会誌，**40**，410-417(2003)］

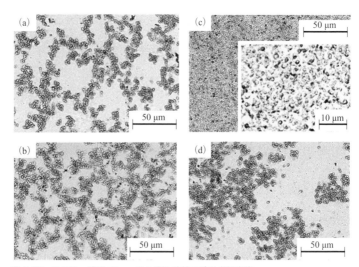

図 5.19 スラリー濃度 10mass％の薄片試料の透過光観察像
(厚さ 3 μm)分散剤添加量 (a) 0.1, (b) 0.2, (c) 0.35, (d) 0.5 mass％
［髙橋実, 大矢正代, 藤正督：粉体工学会誌, **40**, 410-417(2003)］

散・凝集状態に影響を及ぼさないモノマー，架橋剤，重合開始剤を選ばなければならないので，適用には制約が多い．また，薄片化には手間と時間がかかりミクロトームなどの装置も必要となるなどの問題もある．

スライドガラス法： 著者ら[15,16]はより簡便な観察方法として図 5.20 に示すスライドガラス法を提案した．スライドガラス法ではスラリーを 2 枚のスライドガラスで挟み，透過光により観察する方法で，どのようなスラリーにも簡便に適用できるが，観察するためには光が透過しなければならないので，評価できるスラリー濃度には限界がある．その限界濃度 ϕ_c [—]は，入射光が直接透過できないという条件で求められ，粒子径を x [μm]，2 枚のスライドガラスの間隙(ギャッ

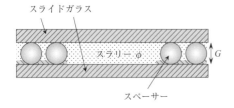

図 5.20 スライドガラス法による直接観察

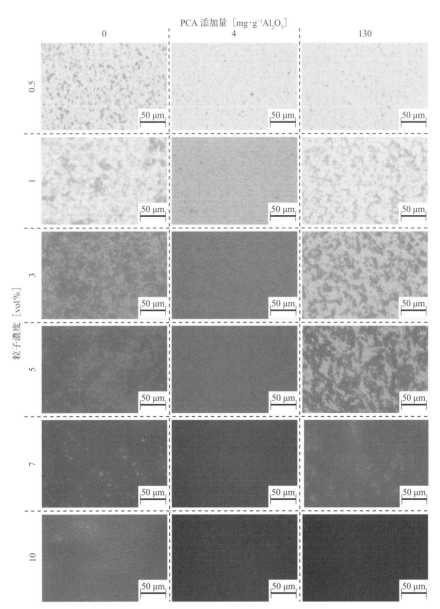

図 5.21 スライドガラス法によるアルミナスラリーの直接観察
[浅井一輝,長縄佳祐,森隆昌,椿淳一郎:粉体工学会誌,**48**,518-525(2011)]

プ)を G [μm]とすると次式で与えられる.

$$\phi_c = \frac{2}{3}\frac{x}{G} \tag{5.17}$$

図 5.21 にスライドガラス間隙 10 μm で観察した 0.48 μm アルミナスラリーの画像を示す.式(5.17)で計算すると $\phi_c=0.032$ となるが,粒子の凝集により $x>0.48$ μm となるので,もう少し高濃度まで適用可能である.

図 5.21 のスラリーでは,分散剤として用いたポリカルボン酸アンモニウム(PCA)の添加量を,網状凝集,良分散,塊状凝集になるように 0, 4.0, 130 mg·g^{-1}Al$_2$O$_3$ に調整したが,図 5.19 に示したその場固化法と同様に凝集形態の違いが識別できている.

観察画像を定量的に解析するために,画像の明暗を 256 段階に識別し,媒液のみの画像の明るさを明度 1.0 と定義し明度分布を求めた.図 5.22 に例として,3vol%スラリーの明度分布を示した.この分布から平均明度と変動係数(=標準偏差値/平均値×100)を求め粒子体積濃度に対してプロットすると,図 5.23, 5.24 を得る.凝集形態の違いは変動係数によく表れ,良分散スラリーでは最も明度のバラツキが小さく,無添加の網状凝集では明度のバラツキはスラリー濃度

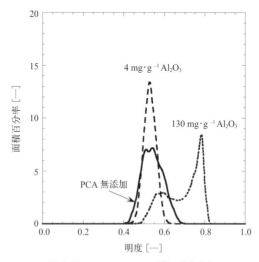

図 5.22 3vol%スラリー画像の明度分布
[浅井一輝,長縄佳祐,森隆昌,椿淳一郎:粉体工学会誌,**48**, 518-525(2011)]

5.4 分散・凝集状態の評価

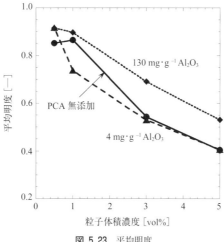

図 5.23 平均明度

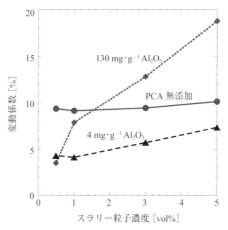

図 5.24 明度変動係数による凝集状態評価
[浅井一輝, 長縄佳祐, 森隆昌, 椿淳一郎：粉体工学会誌, **48**, 518-525(2011)]

によらずほぼ一定である．それに対して過剰添加の塊状凝集では，明度のバラツキはスラリー濃度とともに増大している．

　この変動係数を使うと，粒子の凝集状態を微視的に評価できる[16]．図 5.25, 図 5.26 は，1vol%のアルミナスラリーに PCA を添加し，超音波とボールミル解砕したときの直接観察結果である．解砕時間によって凝集状態は変化していくこ

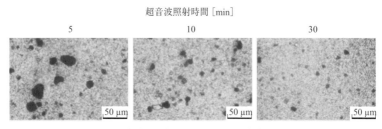

図 5.25 超音波照射されたスラリーの直接観察結果

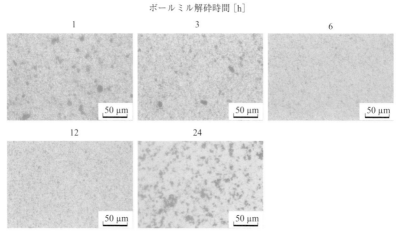

図 5.26 ボールミル解砕されたスラリーの直接観察結果

とがわかるが，図5.27，5.28に示す粒子径分布変化にはあまり現れない．しかし変動係数で比較してみると図5.29に示すように凝集状態の変化を明確に表すことができる．したがって，スラリー調製においては変動係数ができるだけ小さくなるようにすればよいことがわかる．

5.4.4 浸透圧測定法

ミクロン(μm)，サブミクロンオーダーの粒子については，8.1.2項で説明する沈降静水圧測定法のように，スラリー中の粒子分散・凝集状態を評価する技術が確立されている．しかし図5.6に示したように，およそ1μm程度で沈降速度と拡散変位量がほぼ等しくなり，粒子がさらに小さくなると粒子の変位は拡散支

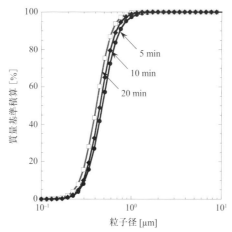

図 5.27 超音波照射されたスラリーの粒子径分布変化
[浅井一輝, 長縄佳祐, 森隆昌:粉体工学会誌, **49**, 177-183(2012)]

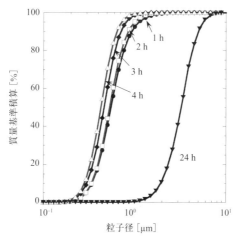

図 5.28 ボールミル解砕されたスラリーの粒子径分布変化
[浅井一輝, 長縄佳祐, 森隆昌:粉体工学会誌, **49**, 177-183(2012)]

配になってくるので沈降現象を利用した評価は困難になる．また，前述のスライドガラス法による直接観察は，可視光の波長よりも小さい粒子を観察できないため，ナノ粒子が凝集体を形成している場合は観察できるが，粒子が凝集しにくい希薄系では，分散・凝集状態の違いを評価できない．動的光散乱を利用した粒子

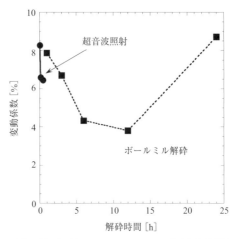

図 5.29 解砕処理されたスラリーの明暗度変動係数
[浅井一輝, 長縄佳祐, 森隆昌:粉体工学会誌, **49**, 177-183(2012)]

径分布測定では,濃厚系のサンプルを希釈せずそのまま測定することはできない.

これに対して著者らはナノ粒子スラリーの浸透圧測定から,液中ナノ粒子の分散・凝集状態を評価する手法を開発した[17,18].この方法では,図 5.30 に示す装置で,ナノ粒子スラリーの浸透圧を測定する.測定したいナノ粒子スラリーとその媒液を,半透膜を介して接触させ,ナノ粒子スラリーの浸透圧を媒液側に取り付けた圧力センサーで測定する.半透膜には,ナノ粒子は透過せず溶媒分子や媒液中のイオンだけを透過する膜(限外沪過膜)を選択しなければならない.

このようにして測定されたナノ粒子スラリーの浸透圧は,食塩水などの溶液と同様に,媒液中のナノ粒子個数濃度によって変化する.すなわち,同じ体積濃度のナノ粒子スラリーであっても,粒子が凝集して,凝集体単位で分散しているスラリーでは,一次粒子単位で完全に分散しているスラリーよりも,粒子の個数濃度が小さくなるため,浸透圧も小さくなる.したがって,測定される浸透圧の値の大小から,ナノ粒子の分散・凝集状態が評価できる.

図 5.31 に市販のナノ粒子スラリーであるコロイダルシリカ(日産化学 ST-40;公称粒子径 10〜20 nm)に,さまざまな濃度に調整した NaCl 溶液を所定量添加した場合の浸透圧測定結果を示す.スラリー中の粒子濃度は 15vol%で一定である.浸透圧の平衡値を比較すると,浸透圧は塩濃度の増加とともに減少している.こ

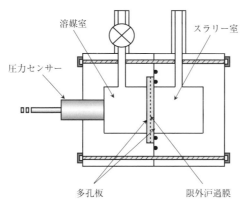

図 5.30 ナノ粒子スラリーの浸透圧測定装置概要
[森隆昌, 浅井一輝, 木口崇彦, 椿淳一郎：粉体技術, **4**, 1100-1103(2012)]

れは，5.3.2 項で説明したように，塩濃度の増加に伴い電気二重層が圧縮されて粒子が凝集し，スラリー中の粒子個数濃度が減少して，浸透圧が小さくなったためと考えられる．比較のため，動的光散乱による粒子径分布測定結果を図 5.32 に示す．図 5.33 で，浸透圧の平衡値と動的光散乱により測定した粒子径分布のメジアン径の相関を見てみると，両者には良い相関があり，液中ナノ粒子の分散・凝集状態を浸透圧測定によって評価できることがわかる．

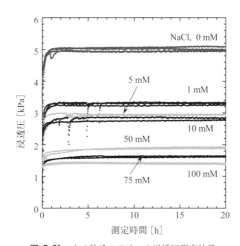

図 5.31 ナノ粒子スラリーの浸透圧測定結果
[森隆昌, 浅井一輝, 木口崇彦, 椿淳一郎：粉体技術, **4**, 1100-1103(2012)]

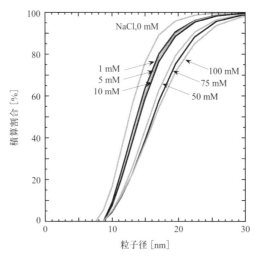

図 5.32 ナノ粒子スラリーの動的光散乱による粒子径分布測定結果
[森隆昌, 浅井一輝, 木口崇彦, 椿淳一郎：粉体技術, **4**, 1100-1103（2012）]

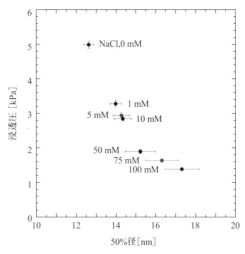

図 5.33 浸透圧と動的光散乱による粒子径分布測定結果との相関
[森隆昌, 浅井一輝, 木口崇彦, 椿淳一郎：粉体技術, **4**, 1100-1103（2012）]

引用文献

1) Tsubaki, J.: "Geometric Analysis of Particle System Dispersed in Liquid", *J. Chinese Ins. Chem. Eng.*, **35**, 47-54(2004).
2) Hunter, R. J.: "Foundations of Colloid Science 2nd ed.", pp. 616-620, Oxford University Press (2001).
3) 杉本理充, 廣瀬仁嗣, 森英利, 椿淳一郎:"液中分散粒子の沈降界面形成過程の解析", 粉体工学会誌, **38**, 11-17(2001).
4) 金孝政, 森隆昌, 椿淳一郎:"沈降挙動に及ぼすスラリー初期濃度及び分散剤添加量の影響", 粉体工学会誌, **41**, 656-662(2004).
5) 常磐定輝:"直流電場による粒子凝集現象に及ぼす溶媒の影響", 2014年度法政大学生命科学部卒業論文(2015).
6) 北原文雄:"界面・コロイド化学の基礎", p.111, 講談社(1994).
7) Mori, T., Y. Hori, H. Fei, I. Inamine, K. Asai, T. Kiguchi and J. Tsubaki: "Experimental study about the agglomeration behavior in slurry prepared by adding excess polyelectrolyte dispersant", *Adv. Powder Technol.*, **23**, 661-666(2012).
8) 木口崇彦, 稲嶺育恵, 佐藤根大士, 森隆昌, 椿淳一郎:"分散剤の添加量が粒子沈降挙動に及ぼす影響", 粉体工学会誌, **47**, 616-622(2010).
9) Michalkova, M., K. Ghillanyova and D. Galusek,: "The influence of solid loading in suspensions of a submicrometric alumina powder on green and sintered pressure filtrated samples", *Ceram. Int.*, **36**, 385-390(2010).
10) Hunter, R. J.: "Introduction to Modern Colloid Science", p. 51, Oxford University Press(1993).
11) 鈴木四朗, 近藤保:"入門コロイドと界面の科学", p.26, 三共出版(2000).
12) 文献10), p.277-278
13) 例えば, 木村隆俊, 中村雅彦:"微粉体スラリー中における粒子集合構造とレオロジー特性の時間依存性", 粉体工学会誌, **27**, 597-602(1990).
14) 高橋実, 大矢正代, 藤正督:"スラリー中の微粒子分散状態固定化による新観察技術", 粉体工学会誌, **40**, 410-417(2003).
15) 浅井一輝, 長縄佳祐, 森隆昌, 椿淳一郎:"懸濁液中の粒子集合状態の直接観察・評価", 粉体工学会誌, **48**, 518-525(2011).
16) 浅井一輝, 長縄佳祐, 森隆昌, 椿淳一郎:"解砕条件が懸濁液中の粒子集合状態に及ぼす影響の直接観察・評価", 粉体工学会誌, **49**, 177-183(2012).
17) 森隆昌, 椿淳一郎:特許第5723735号「ナノ粒子スラリーの分散凝集状態の評価方法及び評価装置」
18) 森隆昌, 浅井一輝, 木口崇彦, 椿淳一郎:"ナノ粒子スラリーの新規粒子分散・凝集状態評価技術", 粉体技術, **4**, 1100-1103(2012).

6 スラリーの流動特性

スラリーの流動特性は，図1.5に示すように粒子状材料製造における形状付与までのプロセスで最も重要なスラリー特性である．また，流動特性は粒子集合状態の影響を強く受けるので，流動特性によって分散・凝集状態を評価することも広く行われている．

本章では，流動特性の表し方，流動特性に影響を及ぼす諸因子，流動特性の評価法，流動特性と成形プロセスについて説明する．

6.1 流動特性

一般に流体の流動特性は，流体の変形のしにくさで評価される．図6.1に評価原理の模式図を示した．流体を間隔 Δ [m] の平行平板で挟み，一方の平板を u [m·s^{-1}] の一定速度で滑らせるのに必要な剪断応力 τ [Pa] と，次式で定義される剪断速度 $\dot{\gamma}$ [s^{-1}] との関係で示される．

$$\dot{\gamma} = \frac{u}{\Delta} \tag{6.1}$$

τ と $\dot{\gamma}$ の関係は流動曲線とよばれ，流動挙動は図6.2に示す(A)～(E)の五つのパターンに分類されることが多い．パターン(A)は水に代表されるニュートン(Newton)流動，パターン(B)は準粘性流動(shear thinning)または剪断速度流動化，パターン(C)はダイラタント流動または剪断速度粘稠化とよばれ，これらの流動では $\tau > 0$ の剪断応力が作用するとスラリーは必ず変形する．それに対してパターン(D), (E)では，$\tau < \tau_C$ ではスラリーは変形せず固体として振る舞う．パターン(D)はビンガム(Bingham)(塑性)流動，パターン(E)は擬塑性流動とよばれ，

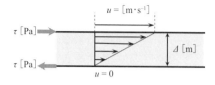

図 6.1 流動特性の評価原理

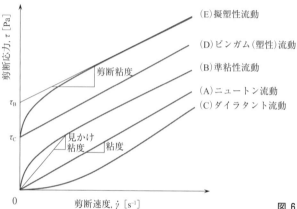

図 6.2 流動曲線

τ_B [Pa]はビンガム降伏値,直線部分の傾きは剪断粘度とよばれる.流動性は $\tau/\dot{\gamma}$ で表され,パターン(A)の場合,その値は $\dot{\gamma}$ によらず一定となり粘度 μ [Pa·s]とよばれる.その他の流動パターンでは図6.2に示すように,$\tau/\dot{\gamma}$ の値は剪断速度によって変化するため見かけ粘度 μ_{ap} [Pa·s]とよばれる.また流動曲線の接線の傾き $d\tau/d\dot{\gamma}$ は微分粘度とよばれる.スラリーが示す非ニュートン性は,粒子がつくる構造体に起因し,その構造が剪断速度によって変化するためである.

ニュートン流体以外の流体では剪断速度によって流動挙動が異なるので,自分が知りたい剪断速度において見かけ粘度や微分粘度を求めることが重要である.例えばドクターブレードによるテープ成形の場合,0.5 mm のギャップで毎秒10 cm の速度で成形するときの剪断速度は $200\ \mathrm{s}^{-1}$ となるので,その近傍での見かけ粘度が重要な意味をもつ.

非ニュートン流動は,式(6.2)のビンガム式,式(6.3)のキャッソン(Casson)式で近似される.ビンガム式は実験式であるが,キャッソン式は理論式である[1].

$$\tau = \tau_C + k\dot{\gamma}^n \tag{6.2}$$

ここで，τ_C [Pa]は降伏値，k, n は定数である．ニュートン流動では $\tau_C=0$，$k=\mu$，$n=1$ となる．

$$\sqrt{\tau} = a\sqrt{\dot{\gamma}} + b , \quad \sqrt{\mu_{ap}} = a + \frac{b}{\sqrt{\dot{\gamma}}} \tag{6.3}$$

式(6.3)で $\dot{\gamma} \to \infty$ のとき $\sqrt{\mu_{ap}} \to a$ となるので，a^2 は残留粘度とよばれ，b^2 は降伏値を表している．ニュートン流動では $a=\sqrt{\mu}$，$b=0$ となる．

Mg 添加アルミナの 45vol% スラリーの流動曲線を，両式で近似した結果を図 6.3 に示した．式(6.2)の定数 k, n は，流動曲線から τ_C を読み取り $\tau-\tau_C$ と $\dot{\gamma}$ を両対数紙上にプロットすれば，図 6.4 に示すように図から読み取ることができる．

式(6.3)の a, b は，$\sqrt{\tau}$ を $\sqrt{\dot{\gamma}}$ に対してプロット(キャッソンプロット)することにより図 6.5 に示すように求めることができる．

非ニュートン性は粒子がつくる構造体に起因するため，流動特性は構造体の形成・破壊などの履歴の影響を受ける．図 6.6[2)]に，Mg 添加アルミナスラリーにポリアクリル酸アンモニウム(PAA)をアルミナ 1.0 g あたり 7.2 mg 添加し，粒

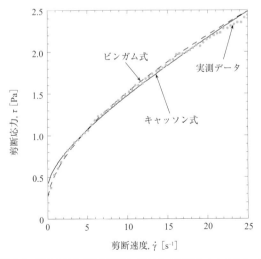

図 6.3　流動曲線の関数近似(45vol% Mg 添加アルミナスラリー)

6 スラリーの流動特性

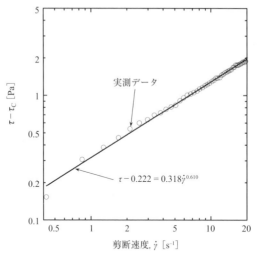

図 6.4 図6.3の対数表示と近似関数

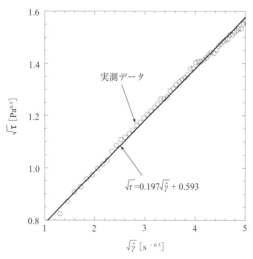

図 6.5 図6.3のキャッソンプロットと近似関数

子濃度を変えて測定した流動曲線を示した．粒子濃度が30，35vol%のスラリーでは，剪断速度を増加していくときの見かけ粘度は，剪断速度を減少していくときの見かけ粘度よりも大きくなっている．このような挙動はチクソトロピー

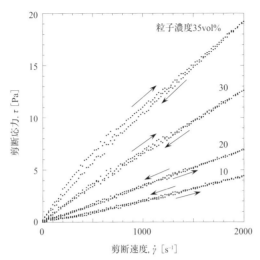

図 6.6 流動挙動の粒子濃度依存性(アルミナスラリー)
[吉田宜史, 森英利, 椿淳一郎：*J. Ceram. Soc. Jpn*, **107**, 571-576(1999)]

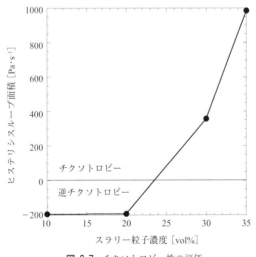

図 6.7 チクソトロピー性の評価

(thixotropy)とよばれている。剪断速度を上げていくときは粒子構造体が壊されていくために準粘性流動を示し、剪断速度を下げていくときに構造の回復が遅れると見かけ粘度も低下し流動曲線はヒステリシスを描く。粒子濃度が 10,

20vol％スラリーでは，剪断速度を上げていくときの見かけ粘度が，剪断速度を下げていくときの見かけ粘度よりもわずかであるが小さくなっている．このような流動挙動は逆（負）チクソトロピーとよばれる．図6.6の10，20vol％スラリーの流動パターンはダイラタント性を示しているので，剪断速度を上げていくときに構造体が形成され，下げていくときもその構造体が保たれているためと考えられるが，その発生メカニズムは十分に解明されていない[3]．チクソトロピー性は，図6.7に示すようにヒステリシスループの面積によって評価できる．

6.2 流動特性に影響を及ぼす諸因子

6.2.1 粒 子 濃 度

希薄スラリー： 粒子が互いに何の影響も及ぼさないとみなせるほど希薄なスラリー（～10vol％）の粘度は，次式に示すように粒子径に関係なく粒子の体積分率 ϕ [—] だけで決まる．

$$\mu = \mu_{\mathrm{l}}(1 + K\phi) \tag{6.4}$$

μ_{l} [Pa·s] は媒液の粘度である．K は粒子の形状に関する定数で，非対称粒子ほど大きな値をもつ[4]．アインシュタイン (Einstein) は球粒子に対して $K=2.5$ を理論的に導き出し，多くの実験によって理論の正しさが裏づけられている[4,5]．μ/μ_{l} は相対粘度 μ_{r} [—] とよばれる．

濃厚スラリー： 粒子濃度が10vol％を超えてくると，粒子同士が互いに影響を及ぼしあい，粒子間に引力が働けば粒子構造体を形成し，図6.6に示すアルミナスラリーのように流動挙動は粒子濃度とともに準粘性流動化するものが多いが，図6.8[6]に示すグラファイトスラリーのようにダイラタント流動性を増す粒子もある．どちらも，粒子濃度の増加により降伏値が大きくなる場合が多い．

準粘性流動するスラリーでも，剪断速度を上げて構造体を破壊すると図6.9に示すようにニュートン流動するようになる．このような流動はオストワルド (Ostwald) 流動とよばれ[3]，その粘度は次の実験式で表される[7]．

$$\mu = \mu_{\mathrm{l}}\left(1 - \frac{\phi}{0.71}\right)^{-2} \tag{6.5}$$

6.2 流動特性に影響を及ぼす諸因子　103

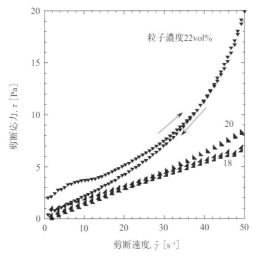

図 6.8 流動挙動の粒子濃度依存性
（分散媒：CMC 水溶液，CMC 添加量：10 mg・g^{-1} graphite）
［森山将平：2014 年度法政大学生命科学部卒業論文(2015)］

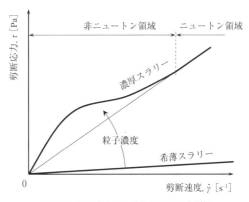

図 6.9 粒子濃度が流動特性に及ぼす影響

6.2.2　粒子径と粒子帯電の影響[8]

　スラリーがニュートン流動する場合は，式(6.4)，(6.5)で明らかなとおり粒子径は流動性に影響しない．一方，非ニュートン流動するスラリーでは，粒子径は

粒子構造体の形成に強く影響するため重要な因子である．

図 6.10 は，ゼータ電位が 24.2 mV，全イオン濃度（H^+，OH^-，Na^+，Cl^-）が 0.5 mM のときの粒子間ポテンシャルを DLVO 理論により計算したものである．ゼータ電位とイオン濃度は同じでも，粒子が小さくなるとポテンシャル障壁は低くなり，より凝集しやすくなる．また，粒子の体積濃度は同じでも粒子個数は粒子径の 3 乗に反比例するので，粒子が小さくなると粒子接触点数は多くなり，より凝集しやすくなるため，スラリーの非ニュートン性は増してくる．

図 6.11 は，粒子径 2.0 μm のアルミナ研磨材と平均粒子径 20～30 nm のコロイダルシリカのゼータ電位である．図 6.12 は 35vol％アルミナ研磨材スラリーの流動特性で，スラリーを等電点近傍の pH 6.5 に調整すると，流動性は著しく悪くなる．図 6.13 は 3vol％コロイダルシリカスラリーの流動特性であるが，図 6.11 に示すように，測定したいずれの pH でも粒子は負に帯電しかつ希薄スラリーであるため，ニュートン流動を示し，粘度は小さい．

図 6.14 は，アルミナ研磨材スラリーに所定濃度のコロイダルシリカを入れたのち塩酸水溶液で pH 調整した 2 成分スラリーの流動特性である．アルミナ研磨材の濃度は 35vol％，コロイダルシリカの濃度は 3vol％になるようにスラリーを

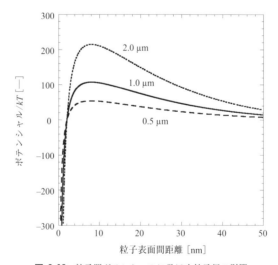

図 6.10　粒子間ポテンシャルに及ぼす粒子径の影響

6.2 流動特性に影響を及ぼす諸因子

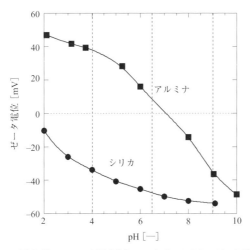

図 6.11 アルミナ研磨材とコロイダルシリカのゼータ電位
[浅井一輝，椿研ゼミ資料（未発表）]

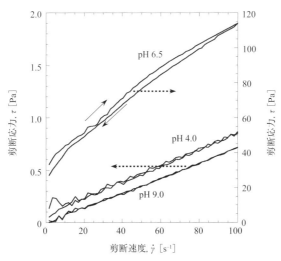

図 6.12 35vol%アルミナ研磨材スラリーの流動特性
[浅井一輝，椿研ゼミ資料（未発表）]

106　6　スラリーの流動特性

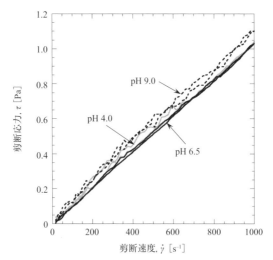

図 6.13　3vol％コロイダルシリカスラリーの流動特性
［浅井一輝，椿研ゼミ資料（未発表）］

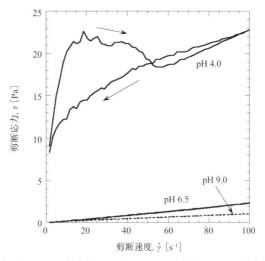

図 6.14　アルミナ研磨材/コロイダルシリカ 2 成分スラリーの流動特性
［浅井一輝，椿研ゼミ資料（未発表）］

表 6.1 アルミナ研磨材,コロイダルシリカ,
2 成分スラリーの見かけ粘度

pH	見かけ粘度[mPa·s] at 100 s^{-1}		
	Al_2O_3 2 μm 35vol%	SiO_2 20〜30 nm 3vol%	Al_2O_3/SiO_2 35 + 3vol%
4.0	8.5	1.1	230
6.5	1140	1.1	25
9.0	7.2	1.1	10

調製してある.

図 6.12 と図 6.14 を見比べると,少量のコロイダルシリカの添加によってアルミナ研磨材スラリーの流動挙動は変化することがわかる.表 6.1 に,剪断速度 100 s^{-1} のときの見かけ粘度で流動特性を代表し,比較した.pH 4.0,6.5 においては著しく流動挙動が変化していることがわかる.粒子径と粒子濃度からアルミナ研磨材とコロイダルシリカ粒子の数を計算すると,アルミナ粒子 1 個に対しシリカ粒子は 45 000 個ほどの数になる.pH 4.0 では,図 6.11 から明らかなとおりアルミナとシリカ粒子は互いに逆の符号に帯電しているので,選択的に凝集するだけでなくアルミナ粒子はシリカ粒子によって架橋されるためゲル化する.異符号に帯電した粒子の凝集のように,物性の異なる粒子間の凝集はヘテロ凝集とよばれる.pH 4.0 でコロイダルシリカ粒子は凝集剤のように振る舞ったが,pH 6.5 では大量の数のコロイダルシリカ粒子がアルミナ粒子の凝集を妨げ,あたかも分散剤のような役割を果たす.pH 9.0 ではアルミナ,シリカ粒子ともに同符号に帯電しているため,コロイダルシリカ粒子添加による見かけ粘度は体積濃度の増加に見合って増加している.

6.2.3 分散剤添加の影響[2]

図 6.15 は,図 3.13 に示した PAA の Mg 添加アルミナへの吸着挙動に及ぼす分子量の影響をみたものである.図 3.19 に示したポリカルボン酸塩の場合と同じ吸着挙動を示し,分子量が 10 000 ぐらいまでは吸着挙動は変わらない.

図 6.16, 6.17 は,分子量 6200 と 300 000 の PAA で調製した 30vol% Mg 添加

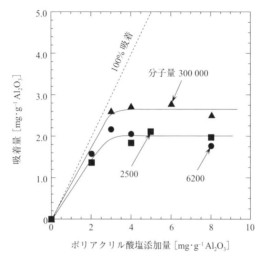

図 6.15 アルミナ粒子へのポリアクリル酸塩吸着挙動
[吉田宜史，森英利，椿淳一郎：*J. Ceram. Soc. Jpn.*, **107**, 571-576(1999)]

アルミナスラリーの流動挙動である．図 6.15 から，分子量が 6200 の場合は添加量 3.0 mg·g^{-1} Al$_2$O$_3$ で吸着量は飽和している．図 6.16 をみると，飽和添加量より少ない添加量では降伏値をもち，添加量を飽和吸着量まで増すと流動性は良くなるが，さらに増していくと再び流動性は低下する．分子量 2500 の場合でも図 6.16 と同様の流動挙動を示す．分子量 300 000 の場合も，図 6.17 に示すように飽和添加量より少ない添加量では降伏値をもち，多い添加量では流動性が低下しているが，流動性は分子量 6200 に比べてかなり劣っている．ポリアクリル酸塩の分散効果は分子量が数千で最も高い[9]といわれているが，図 6.16，6.17 はそれを裏づけている．

これらの結果から，PAA 添加量と粒子の集合状態の関係を図 6.18 のように考えることができる．飽和吸着に達するまでは粒子表面の吸着サイトが空いているため，一つのポリアクリル酸イオンが複数の粒子に吸着することも可能で，粒子は架橋凝集によりゲル化し降伏値をもつ．ポリアクリル酸イオンが飽和吸着すると架橋凝集はしないが，過剰な PAA の添加により凝析(5.3.2 項参照)が起こり粒子は塊状に凝集する．粒子が塊状に凝集すると媒液は凝集体に取り込まれてしまうため，分散媒液として機能する液量が減るだけでなく，取り込まれた媒液に

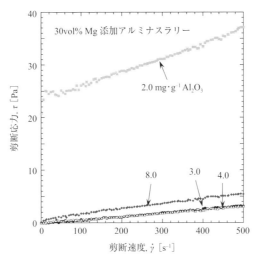

図 6.16 分子量 6200 ポリアクリル酸塩添加量が流動挙動に及ぼす影響
［吉田宜史，森英利，椿淳一郎：*J. Ceram. Soc. Jpn.*, **107**、571-576(1999)］

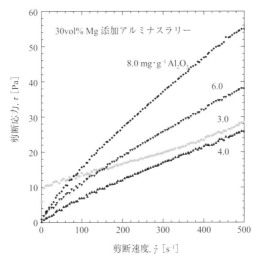

図 6.17 分子量 300 000 ポリアクリル酸塩添加量が流動挙動に及ぼす影響
［吉田宜史，森英利，椿淳一郎：*J. Ceram. Soc. Jpn.*, **107**、571-576(1999)］

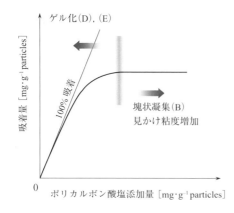

図 6.18 ポリカルボン酸塩添加量が流動挙動に及ぼす影響(図中(B),(D),(E)は図6.2の流動パターン)

よって粒子体積も増えるため,見かけ上粒子濃度は増大し流動性は悪くなる.

6.2.4 経時変化[10,11]

　スラリー中の粒子はブラウン運動や沈降運動により絶えず衝突を繰り返しているので,時間とともに粒子の集合状態が変化することも考えられる.図 6.19 は,ポリカルボン酸アンモニウム(PCA)によって 20vol%に調製した Mg 添加と無添加スラリーの見かけ粘度(at 17 s^{-1})の経時変化である.Mg 添加,PCA 添加量 3.6 mg・g^{-1} Al$_2$O$_3$ スラリーと Mg 無添加,PCA 添加量 1.0 mg・g^{-1} Al$_2$O$_3$ スラリーでは,PCA の吸着が平衡に達するまで粘度は下がるがその後はほぼ一定となる.それに対して Mg 添加,PCA 添加量 2.0 mg・g^{-1} Al$_2$O$_3$ スラリーでは,調製後半日あたりから粘度は急激に上昇し,1 週間後には調製時に比べ 2 桁も増粘している.高濃度スラリーの粘度は粒子の集合状態に支配されるので,調製半日後から粒子が凝集し構造体を形成したと思われる.

　粒子集合状態の経時変化は沈降静水圧曲線でより直接的に評価できる.沈降静水圧法については 8.1.2 項で詳しく説明するが,沈降管下部での静水圧の経時変化を測定する方法で,図 6.20 に図 6.19 のスラリーの沈降静水圧曲線を示した.Mg 無添加,PCA 添加量 1.0 mg・g^{-1} Al$_2$O$_3$ スラリーの静水圧は直線的にゆっくりと低下しているため,粒子は分散状態のまま沈降していることがわかる.それに対して Mg 添加アルミナで PCA 添加量 2.0 mg・g^{-1} Al$_2$O$_3$ のスラリーでは,沈降開始半日までは静水圧の低下がないことから粒子は分散状態でいるが,その後静

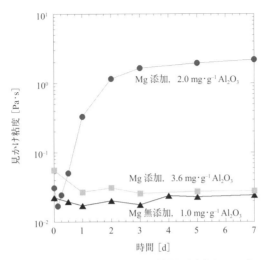

図 6.19 アルミナスラリー見かけ粘度経時変化(at $17\ \mathrm{s^{-1}}$)
[浅井一輝:名古屋大学学位論文(2011)]

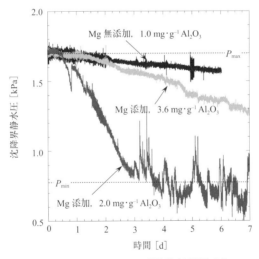

図 6.20 アルミナスラリー沈降静水圧経時変化
[浅井一輝:名古屋大学学位論文(2011)]

水圧の低下が著しくなっていることから,粒子の凝集が始まり構造体を形成し粘度の増加を引き起こしていることがわかる.

表 6.2 JIS Z 8803 に規定された粘度測定法と
非ニュートン流体への適用性

粘　度　計	非ニュートン流体への適用
細管粘度計	×
落球粘度計	×
共軸二重円筒形回転粘度計	○
単一円筒形回転粘度計	×
円すい-平板形回転粘度計	○
振動粘度計	×

6.3 流動特性評価法

　液体の粘度測定方法として，JIS[12]では表 6.2 に示す六つの方法が規定されている．測定対象がニュートン流体であればいずれの方法も適用可能であるが，スラリーはニュートン流動を示さないことが多いため，流動特性評価は剪断速度と剪断応力を独立に測定できる共軸二重円筒形回転粘度計と円すい-平板形回転粘度計に限られる．しかし現実には，単一円筒形回転粘度計(B 型粘度計)や振動粘度計によるスラリーの流動特性評価が広く行われている．

　本節では，共軸二重円筒形回転粘度計と円すい-平板形回転粘度計の測定原理を説明するとともに，単一円筒形回転粘度計と振動粘度計の測定結果と共軸二重円筒形回転粘度計の測定結果を比較検討する．

6.3.1　共軸二重円筒形回転粘度計

　図 6.21 にその装置構成を示した．同一中心軸をもつ外筒と内筒の隙間に試料スラリーを満たして層流状態で回転流動させ，そのときの回転速度 $\omega\,[\mathrm{rad\cdot s^{-1}}]$ $(30\omega/\pi\,[\mathrm{rpm}])$ とトルク $T\,[\mathrm{N\cdot m}]$ から剪断速度 $\dot{\gamma}\,[\mathrm{s^{-1}}]$ と剪断応力 $\tau\,[\mathrm{Pa}]$ を求め流動曲線を描く．回転速度を制御してトルクを測る方式が一般的のようであるが，降伏値を正確に求めたい場合はトルクを制御し回転速度を測定する方式が望ましい．また，内筒，外筒のどちらを回転し，どちらのトルクを測るかは装置によって異なる．

図 6.21 共軸二重円筒形回転粘度計

いま，内筒を回転し内筒にかかるトルクを測定する場合を考えると，剪断速度 $\dot{\gamma}\,[\mathrm{s}^{-1}]$ は次式で与えられる．

$$\dot{\gamma} = \frac{R_\mathrm{i}\omega}{R_\mathrm{o} - R_\mathrm{i}} \tag{6.6}$$

ここで，$R_\mathrm{i}\,[\mathrm{m}]$ は内筒半径，$R_\mathrm{o}\,[\mathrm{m}]$ は外筒半径である．内筒・外筒間の剪断速度は半径の関数となるため，式(6.6)は近似式である．$R_\mathrm{o}/R_\mathrm{i}$ が 1 に近いほど近似式の誤差は小さくなるので，JIS[12] で $R_\mathrm{o}/R_\mathrm{i} \leq 1.1$ と定められている．

内筒にかかるトルクは $T = \tau 2\pi R_\mathrm{i} L \cdot R_\mathrm{i}$ となるので，剪断応力は次式で求められる．

$$\tau = \frac{T}{2\pi R_\mathrm{i}^2 L} \tag{6.7}$$

ここで内筒の長さ $L\,[\mathrm{m}]$ は，JIS[12] で $L \geq 3R_\mathrm{i}$ と定められている．

6.3.2 円すい-平板形回転粘度計

図 6.22 にその装置構成を示した．同一中心軸をもつ頂角の大きい円すいと平円板の隙間に試料スラリーを満たして層流状態で回転流動させ，そのときの回転速度とトルクから剪断速度と剪断応力を求め流動曲線を描く．回転速度を制御し

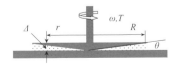

図 6.22 円すい-平板形回転粘度計

てトルクを測る方式が一般的のようであるが，降伏値を正確に求めたい場合はトルクを制御し回転速度を測定する方式が望ましい．また，トルクは円すい側で測定されるが，円すいが回転する装置と円板が回転する装置がある．

いま，円すいを回転する場合を考えると，剪断速度は次式で与えられる．

$$\dot{\gamma} = \frac{v}{\varDelta} = \frac{r\omega}{r\tan\theta} = \frac{\omega}{\theta} \tag{6.8}$$

ここで v [m·s^{-1}] は半径 r [m] における周速度，$\varDelta$ [m] はその位置における円すいと円板の間隙，θ [rad] は円すいと平板のなす角で，JIS[12] で $0.3°$ (5.24×10^{-3} rad)〜$3°$ (5.24×10^{-2} rad) と定められている．このような角度範囲では $\tan\theta = \theta$ としてよい．

式(6.8)からわかるとおり，剪断速度は測定全域で一定であるため，それに対応する剪断応力も測定全域で一定となる．したがって，トルクは次式で与えられ，

$$T = \int_0^R r \cdot \tau 2\pi r \, dr = \frac{2\pi}{3} R^3 \tau \tag{6.9}$$

剪断応力は次式で求められる．

$$\tau = \frac{3T}{2\pi R^3} \tag{6.10}$$

ここで R [m] は円すいの半径で，JIS[12] で 1.0〜5.0 cm と定められている．

6.3.3 単一円筒形回転粘度計（B型粘度計）と振動粘度計

測定原理の詳細は省略するが，どちらの測定法も次の式に基づいている．

$$\text{粘度} = \text{装置定数} \times \text{測定物理量} \tag{6.11}$$

測定物理量は，単一円筒形回転粘度計ではトルク，振動粘度計では振動センサの出力電圧である．装置定数は，粘度既知のニュートン流体（標準液）を測定してあらかじめ求めておく．測定対象がニュートン流体であれば，式(6.11)によって正しく粘度を求めることができる．しかし，非ニュートン流体では剪断応力が剪断速度に比例しないため，剪断応力と剪断速度は独立に測定しなければならない．したがって，剪断応力と剪断速度を独立に測定できない装置によって非ニュートン流体の流動性を評価すると，さまざまなトラブルを生じる．

図 6.23[6)]は，Mg 添加アルミナをポリカルボン酸アンモニウム（PCA）水溶液に分散調製したスラリーとカルボキシメチルセルロース（CMC）水溶液の粘度を共軸二重円筒形回転粘度計で測定した流動曲線である．アルミナスラリーの PCA 添加量は，飽和吸着する $4.0 \text{ mg} \cdot \text{g}^{-1} \text{Al}_2\text{O}_3$ である．図 6.24[6)]で，図 6.23 のスラリーを単一円筒形回転粘度計と振動粘度計で測定した結果と，共軸二重円筒形回転粘度計の測定結果を比較した．単一円筒形回転粘度計と振動粘度計における剪断速度は取扱説明書に従って求め，この剪断速度における共軸二重円筒形回転粘度計の測定値と比較している．アルミナスラリーも CMC 水溶液も準粘性流動を示すが，単一円筒形回転粘度計の測定値は共軸二重円筒形回転粘度計より大きくなっているのに対し，振動粘度計の測定値は逆に共軸二重円筒形回転粘度計の測定値より小さくなっている．

図 6.24 と同様の比較を，図 6.8 に示したグラファイトスラリーと図 6.25[13)]に示した CMC 水溶液について行ったのが図 6.26 である．図 6.26 で明らかなとおり，単一円筒形回転粘度計の測定値は，ダイラタント流体であるグラファイトスラリーでも準粘性流動流体である CMC 水溶液でも，見かけ粘度比（単一円筒形/共軸二重円筒形）は 3 倍程度に収まっている．一方グラファイトスラリーで見か

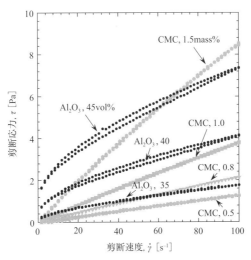

図 6.23 CMC 水溶液とアルミナスラリーの流動曲線
［森山将平：2014 年度法政大学生命科学部卒業論文（2015）］

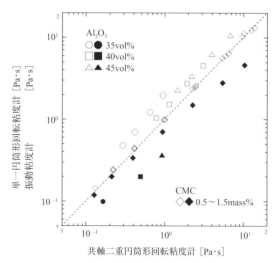

図 6.24 スラリーの見かけ粘度測定値比較
（白のプロット：単一円筒形回転粘度計，黒のプロット：振動粘度計）
［森山将平：2014 年度法政大学生命科学部卒業論文(2015)］

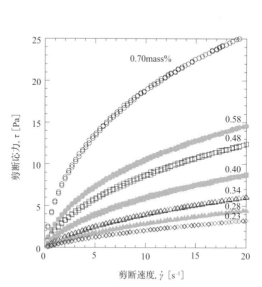

図 6.25 CMC 水溶液の流動曲線（図中数値は CMC 濃度）
［浅井一輝，一柳正昭，佐藤根大士，森隆昌，伊藤葉子：粉体工学会誌，**46**，873-880(2009)］

6.3 流動特性評価法

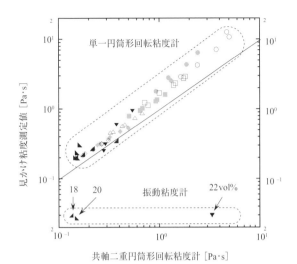

図 6.26 CMC 水溶液グラファイトスラリーの見かけ粘度測定値比較
(キーは図 6.8, 6.25 に同じ)

け粘度比(振動/共軸二重円筒形)をみてみると，図 6.8 で比較的ニュートン流体に近い CMC18, 20vol％水溶液でも 1/10 程度であり，ダイラタント性の強い 22vol％水溶液では 1/100 程度の値しか得られていない．振動粘度計の非ニュートン流体に対するこのような傾向は，他のスラリーでも実験的に確かめられているので[6]，振動粘度計によりスラリーの流動特性が評価できるとは言いがたい．

単一円筒形回転粘度計の場合，アルミナスラリー，溶融チョコレート，CMC水溶液の流動曲線をビンガム式(6.2)で近似し，求めたべき数 n に対して見かけ粘度比(単一円筒形/共軸二重円筒形)をプロットしたところ，ある程度の相関が認められた[13]ので，その図にグラファイトスラリーのデータを加えて図 6.27 を得た．図から明らかなとおり，非ニュートン流動するスラリーの見かけ粘度を単一円筒形回転粘度計で測定すると，スラリーによっては倍以上にあるいは半分程度に評価されてしまうことがわかる．ただ，測定見かけ粘度比はビンガム式のべき数 n にある程度相関しているので，単一円筒形回転粘度計の測定値から共軸二重円筒形回転粘度計の測定値を類推する実験式を，精度は悪いながら導出[13]することは可能である．単一円筒形回転粘度計の測定値は共軸二重円筒形回転粘度計の測定値にある程度相関しているので，日々のスラリー管理や工程管理に利用

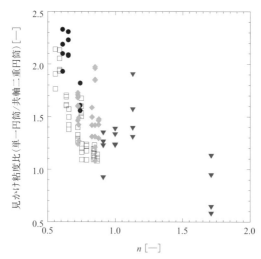

図 6.27 見かけ粘度比とビンガム式の指数
（●：アルミナ，□：CMC，◆：溶融チョコレート，▼：グラファイト）

することは構わないが，その限界を十分に心得ておかなければならない．

6.4 流動特性と成形

流動曲線はスラリーの流れやすさの評価だけでなく，成形後の保形性の評価にも用いられる．例えば，図 6.28 のシート成形機でシートを成形する場合を考え

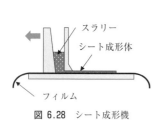

図 6.28 シート成形機

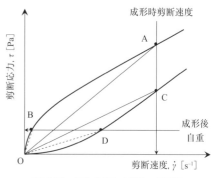

図 6.29 流動曲線と成形体の保形性

る．調製したスラリーが準粘性流体であれば，成形時の見かけ粘度は図 6.29 の直線 OA の傾きで表される．成形体には自重により剪断応力が作用するが，そのときの成形体見かけ粘度は直線 OB の傾きとなり，流れにくくなるので形は保たれる．また，スラリーが自重による剪断応力より大きな降伏値をもてば，形が崩れることはない．

それに対して，調製したスラリーがダイラタント流動を示すと，成形時の見かけ粘度および成形体の見かけ粘度は，それぞれ図 6.29 の直線 OC，OD の傾きとなるため，成形体の見かけ粘度はスラリー見かけ粘度より低下し，形を保つことができなくなる．

引用文献

1) 松本孝芳："分散系のレオロジー"，p.16，新高分子文庫(1997)．
2) 吉田宜史，森英利，椿淳一郎："アルミナスラリーの遠心圧密法による評価―圧密特性と流動特性の相関性―"，*J. Ceram. Soc. Jpn.*，**107**，571-576(1999)．
3) 文献 1)，p.62
4) 後藤廉平，平井西夫，花井哲也："レオロジーとその応用"，p.207，共立出版(1962)．
5) Hunter, R. J.: "Introduction to Modern Colloid Science", p. 109, Oxford Science Publications (1993).
6) 森山将平："異なる評価原理に基づくスラリー及び高分子溶液の粘度評価"，2014 年度法政大学生命科学部卒業論文(2015)．
7) 粉体工学会編："粉体工学叢書第 4 巻 液相中の粒子分散・凝集と分離操作"，p.115，日刊工業新聞社(2010)．
8) 浅井一輝，椿研ゼミ資料(未発表)．
9) 竹内節："界面活性剤"，p.143，米田出版(1999)．
10) Ohtsuka, H., H. Mizutani, S. IIo, K. Asai, T. Kiguchi, H. Satone, T. Mori and J. Tsubaki: "Effects of Sintering Additives on Dispersion Properties of Al_2O_3 Slurry Containing Polyacrylic Acid Dispersant", *J. Eur. Ceram. Soc.*, **31**, 517-522(2012).
11) 浅井一輝："スラリー中粒子集合状態の評価に関する研究"，p.56，57，名古屋大学学位論文(2011)．
12) JIS Z 8803：2011 "液体の粘度測定法"(2012)．
13) 浅井一輝，一柳正昭，佐藤根大士，森隆昌，伊藤葉子："非ニュートン性が単一円筒型粘度計(B 型粘度計)の測定結果に及ぼす影響について"，粉体工学会誌，**46**，873-880(2009)．

7

粒子の沈降・堆積挙動

　スラリー中の粒子の密度が媒液の密度よりも大きい場合，粒子は必ず重力の影響を受けて沈降し，容器底部に堆積する．スラリー中の粒子の沈降挙動は，粒子濃度や粒子間相互作用の影響でいくつかの沈降パターンに分類される．また，その結果形成される堆積層もその特性が異なるものとなる．本章では，7.1節で粒子の沈降挙動を取り上げ，7.2節では粒子の堆積挙動，特に堆積層の固化現象について説明する．

7.1　粒子の沈降挙動

7.1.1　自　由　沈　降

　粒子濃度が低いスラリーでは，沈降中の粒子は互いに影響を及ぼさないため，単一粒子の運動だけを考えればよい．単一粒子が重力場で静止流体中を沈降する現象は自由沈降とよばれ，その運動方程式は式(7.1)で表される．

$$\frac{\pi}{6}x^3\left(\rho_p+\frac{1}{2}\rho_l\right)\frac{du}{dt}=\frac{\pi}{6}x^3(\rho_p-\rho_l)g-3\pi\mu u x \tag{7.1}$$

ここで，ρ_p [kg·m^{-3}]は粒子の密度，ρ_l [kg·m^{-3}]は媒液の密度，u [m·s^{-1}]は粒子の速度，t [s]は時間，x [m]は粒子径，μ [Pa·s]は媒液の粘度である．式(7.1)左辺の$\rho_l/2$は付加質量とよばれるもので，粒子の加速時に排除する媒液の影響を補正している．式(7.1)の右辺は粒子に働く外力で，第1項は重力と浮力の差である有効重力，第2項はストークス(Stokes)の抵抗則から導かれる流体抵抗である．式(7.1)から，粒子は有効重力と流体抵抗の差に応じて加速度運動する．初速ゼロで粒子を沈降させると，まず有効重力に応じた加速度で沈降し始めるが，

沈降速度の増加に伴い流体抗力も増加し，やがて有効重力と流体抗力が釣り合い，加速度ゼロの定速運動となる．この速度は終末沈降速度(terminal settling velocity) u_∞ [m·s^{-1}]とよばれ次式で与えられる．

$$u_\infty = \frac{(\rho_p - \rho_1)gx^2}{18\mu} \tag{7.2}$$

終末沈降速度に至るまでの速度は，式(7.1)を変形整理した次式から得られる．

$$\frac{du}{dt} = \frac{\rho_p - \rho_1}{\rho_p + \rho_1/2}g - \frac{18\mu}{(\rho_p + \rho_1/2)x^2}u \tag{7.3}$$

ここで，右辺第2項の係数の逆数は，時間の次元をもち，粒子緩和時間 τ [s]とよばれ，沈降速度が終末沈降速度の $(e-1)/e = 0.632$ 倍に至るまでの時間である．

$$\tau = \frac{(\rho_p + \rho_1/2)x^2}{18\mu} \tag{7.4}$$

式(7.3)で初速度をゼロとして積分すると，沈降開始から t [s]後の沈降速度が求められる．

$$u = u_\infty \left\{1 - \exp\left(-\frac{t}{\tau}\right)\right\} \tag{7.5}$$

また，式(7.5)を積分することにより，速度 u に達するまでの沈降距離 H [m]を求められる．

$$H = u_\infty t + u_\infty \tau \left\{\exp\left(-\frac{t}{\tau}\right) - 1\right\} \tag{7.6}$$

例として，図7.1に水中の静止粒子が終末沈降速度の99%に達するまでの時間を，図7.2に終末沈降速度の99%に達するまでの移動距離を示した．これらのグラフからわかるとおり，本書が対象としている数 μm 程度以下の粒子では，時間および移動距離は大きくてもそれぞれ μs, nm オーダーであるので，粒子は瞬時に終末沈降速度に達するとしてよい．

7.1.2 水平方向の運動

媒液中の粒子は鉛直方向だけでなく水平方向にも運動する．最も簡単な例として，静止流体中に粒子が水平方向に打ち出された場合を考えてみると，水平方向には粒子の速度に応じた流体抗力のみが作用することになり，運動方程式は次式

7.1 粒子の沈降挙動

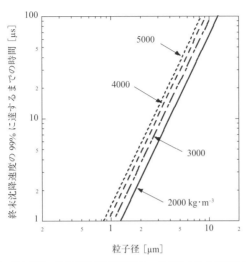

図 7.1 静止状態の粒子が終末沈降速度の 99% に達するまでに要する時間

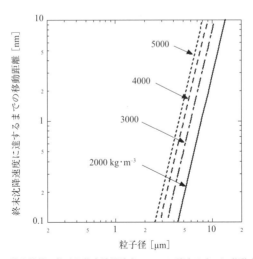

図 7.2 静止状態の粒子が終末沈降速度の 99% に達するまでに移動する距離

で表される.

$$\frac{\pi}{6}x^3\left(\rho_p+\frac{1}{2}\rho_1\right)\frac{\mathrm{d}u}{\mathrm{d}t}=-3\pi\mu u x \tag{7.7}$$

式(7.7)を積分すると,初速度 u_0 [m·s^{-1}] で静止媒液中に打ち出された粒子の t [s]後の粒子速度 u [m·s^{-1}] が次式で与えられる.

$$u=u_0\exp\left\{-\frac{t}{\tau}\right\} \tag{7.8}$$

また,速度 u に達するまでに粒子が移動する距離 L [m]は,式(7.8)を積分することにより次式で与えられる.

$$L=\int_0^t u\,\mathrm{d}t=u_0\tau\left\{1-\exp\left(-\frac{t}{\tau}\right)\right\} \tag{7.9}$$

また,粒子が初期の運動エネルギーを失って静止するまでの移動距離 L_∞ [m]は,式(7.9)で $t\to\infty$ とすることで,次式で与えられる.

$$L_\infty=u_0\tau \tag{7.10}$$

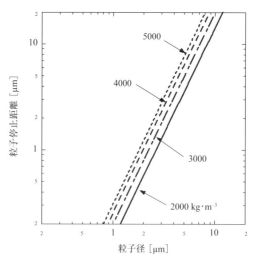

図 7.3 水中に水平方向に打ち出された粒子の停止距離 ($u_0=1.0$ m·s^{-1})

この値は粒子停止距離とよばれ，粒子緩和時間とともに粒子がもつ慣性の大きさの指標となる．例として，図7.3に，初速度 $1\,\mathrm{m\cdot s^{-1}}$ で静止流体中に打ち出された粒子の停止距離を示す．この図は，数 μm 程度以下の粒子は数 μm の移動によってその運動エネルギーを失うことを示しているので，粒子の水平方向運動は媒液の動きに追随していると考えてよい．

7.1.3 遠心力場における運動（遠心沈降）

粒子が小さい，または粒子と媒液の密度が近い場合は，重力による沈降速度が小さく，沈降を促進するため遠心沈降機を用いることが多い．一定角速度 ω $[\mathrm{rad\cdot s^{-1}}]$ で回転している流体中の粒子は，図7.4に示すように $r\omega^2\,[\mathrm{m\cdot s^{-2}}]$ 加速度を受けて半径方向に沈降する．このとき粒子の運動方程式は，式(7.1)の g を $r\omega^2$ に書き換えることで次式のように与えられる．

$$\frac{\pi}{6}x^3\left(\rho_\mathrm{p}+\frac{1}{2}\rho_\mathrm{l}\right)\frac{\mathrm{d}^2r}{\mathrm{d}t^2}+3\pi\mu x\frac{\mathrm{d}r}{\mathrm{d}t}-\frac{\pi}{6}x^3(\rho_\mathrm{p}-\rho_\mathrm{l})r\omega^2=0 \tag{7.11}$$

ここで，沈降中粒子の速度が一定とみなせる場合は $\mathrm{d}^2r/\mathrm{d}t^2=0$ なので，沈降速度は近似的に次式で求められる．

$$u_\mathrm{r}'=\frac{\mathrm{d}r}{\mathrm{d}t}=\frac{(\rho_\mathrm{p}-\rho_\mathrm{l})}{18\mu}x^2r\omega^2 \tag{7.12}$$

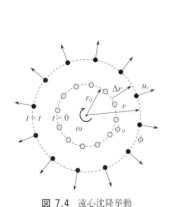

図 7.4 遠心沈降挙動

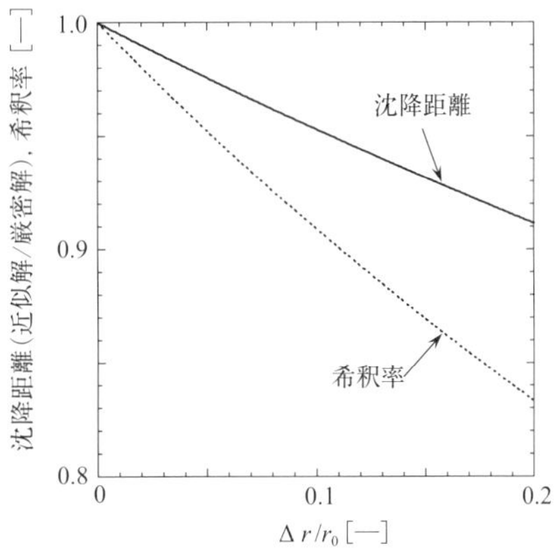

図 7.5 遠心沈降距離と濃度希釈
（粒子径，密度：$1\,\mathrm{\mu m}$，$3\,\mathrm{kg\cdot L^{-1}}$，媒液密度，粘度：$1\,\mathrm{kg\cdot L^{-1}}$，$1\,\mathrm{mPa\cdot s}$，回転数：$4000\,\mathrm{rpm}$）

また，$t=0$ に $r=r_0$，$u_r=0$ である粒子の t [s]後の位置は，次式で求められる．

$$r' = r_0 + \Delta r' = r_0 + \frac{(\rho_p - \rho_1)}{18\mu} x^2 \omega^2 r_0 t \tag{7.13}$$

式(7.11)の厳密解(章末参照)と式(7.12)の比較を図7.5に示した．

粒子は放射状に広がって沈降するので，粒子濃度は低下する．半径 r_0 で濃度 ϕ_0 [―]である粒子が，半径 r まで沈降すると濃度は ϕ [―]まで低下し，その希釈率は次式で与えられる．

$$\frac{\phi}{\phi_0} = \frac{r_0}{r} = \frac{r_0}{r_0 + \Delta r} = \frac{1}{1 + \Delta r/r_0} \tag{7.14}$$

この希釈率も図7.5に併せて示したが，粒子濃度まで含めて沈降挙動が式(7.12)で議論できるのは，沈降距離 Δr が沈降開始半径 r_0 の10％ぐらいまでである．

7.1.4 干渉沈降

流体中を粒子が沈降すると，粒子は自身の体積分の流体を排除して沈降するため，体積の入れ替えにより粒子周辺の流体が乱される．無限流体中に単一粒子が存在するような非常に希薄濃度のスラリーでは，粒子間距離が大きいため流体の乱れが粒子の沈降現象に及ぼす影響は無視できるが，粒子濃度が増加して粒子間距離が短くなると，図7.6のように，それぞれの粒子の沈降によって発生した乱れが互いに影響を及ぼし合い，式(7.2)の単一粒子の場合よりも沈降速度が遅くなる．このように，流体中に分散した粒子が互いに干渉しながら沈降する現象を干渉沈降とよび，前述の自由沈降とは区別して扱われる．干渉沈降に関してはいくつかの研究が行われており，その中でもシュタイナー(Steinour)[1]やリチャードソン・ザキ(Richardson and Zaki)[2]が提案した，自由沈降時の終末沈降速度を補正する式が有名である．

シュタイナーは，層流域における理論的な考察および球形粒子を用いた実験により，干渉沈降速度 u_c [m・s^{-1}]を粒子群の空間率 $\varepsilon (=1-\phi)$ [―]との関数として次式を提案した．

$$u_c = u_\infty \varepsilon^2 \, 10^{-1.82(1-\varepsilon)} \tag{7.15}$$

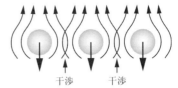

低濃度：周辺の粒子への影響は少ない

高濃度：体積の入れ替えによる流体運動が周辺の粒子へ影響する

図 7.6　干渉沈降現象の模式図

また，実験式として古くから次式が提案されている．

$$u_\mathrm{c} = u_\infty \varepsilon^n \tag{7.16}$$

べき数 n は実験から求められる値であり，リチャードソン・ザキは $n=4.65$ を報告している．一方，16 章で紹介する著者らの実験[3]では，$n=7.16$ とすることで実験結果をよく再現できた．図 7.7 に，干渉作用により粒子濃度が終末沈降速度に及ぼす影響を示す．数 vol% の粒子濃度で沈降速度は 2 割以上低下しており，粒子濃度が沈降速度に大きな影響を及ぼすことがわかる．

7.1.5　成相沈降・集合沈降

前述の干渉沈降速度式が成立するのは，スラリー中の粒子間に強い反発力が作

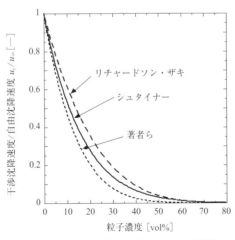

図 7.7　粒子濃度が終末沈降速度に及ぼす影響

用し,粒子が媒液中で安定して分散している状態である.一方で,十分な粒子間反発力が作用しない場合,沈降挙動は粒子間力および粒子濃度によっていくつかのパターンに分類される[4].図 7.8 は沈降パターンの模式図で,図 7.9 は平均粒子径 0.48 μm の Mg 添加アルミナ粒子をポリカルボン酸アンモニウム水溶液に分散させたスラリーから得られた,それぞれの沈降パターンの例である.

粒子濃度が非常に低い条件では,7.1.1 項で述べた自由沈降となり,粒子濃度が大きくなると,図 7.9(a)のように干渉沈降となる.一方,粒子間反発力が不十分なスラリーを長時間静置すると,図 7.9(b)のようにスラリー上部に形成される清澄層と下部の堆積層との間に粒子懸濁層が形成され,さらにその中に縞模様が形成される.このような沈降パターンは成相沈降とよばれ,粒子が衝突を繰り返し緩慢に凝集することで発生する.さらに粒子間引力が強い条件では,スラ

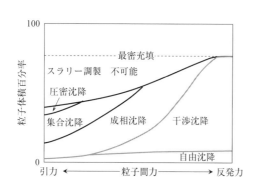

図 7.8 沈降初期の粒子沈降パターン

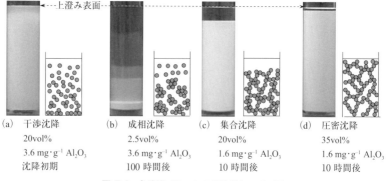

図 7.9 各沈降パターンの具体例とモデル図

リー調製直後から粒子は単独で運動することができなくなり，すべての粒子は互いに接触状態になる．このため，粒子懸濁層は形成されず，スラリーは調製直後から明瞭な沈降界面を形成し，清澄層と粒子層の2層で構成される．このような沈降パターンは集合沈降とよばれ，粒子濃度が高くなり，個々の粒子が独立して運動することができず，互いに接触状態にあることに起因する．互いに接触状態にあるということは，スラリー中の全粒子がつながって集合体を形成することになる．特に粒子間に強い引力が働く条件では，図7.9(d)のように沈降初期から全体がゲル化する．このような状態で，集合体が変形していくような状態での沈降パターンは圧密沈降とよばれる．なお，成相沈降の例として図7.9(b)には観察しやすい低濃度の例を示したが，粒子濃度が高い場合には，図5.13に示すように塊状凝集体が濃縮層を形成し，この濃縮層が集合沈降して堆積層を形成する．

以上のように，スラリー中の粒子は，粒子濃度と粒子間引力によってさまざまな沈降パターンを示す．

7.1.6 回分沈降試験

前述の沈降パターンの識別は，図7.10に示す回分沈降試験[4]により可能である．回分沈降試験では，スラリーを恒温状態で蒸発を防ぎながら静置して，沈降界面の位置および状態が観察され，沈降終了後の界面位置(堆積層高さ)から堆積層充填率が求められる．沈降パターンは粒子の分散・凝集状態に強く依存するため，回分沈降試験は分散・凝集状態の評価を目的として広く行われている．回分沈降試験で難しいのは，観察すべき清澄層/スラリー層界面の位置の決定である．図7.11(a)のように界面が明瞭な場合は問題ないが，図7.11(b)のように界面が不明瞭で濃度勾配がある場合には，例えば図中の矢印で示すように清澄層と希薄なスラリー層の境を界面とするなど，観察者が界面を決めなければならない．この界面の位置の経時変化が図7.12に模式的に示す回分沈降曲線である．

7.1.4項で説明したとおり，粒子の沈降速度は粒子濃度に強く依存するが，キンチ(Kynch)の理論[5]によれば1回の回分沈降試験から沈降速度と濃度の関係を求めることができる．図7.12に示すように，沈降開始後t_1までは沈降管内には清澄層/スラリー層/濃縮層/堆積層が存在する．この間はスラリー層が沈降界面を形成するが，沈降界面の粒子濃度は一定であることから沈降界面は一定速度で

130   7　粒子の沈降・堆積挙動

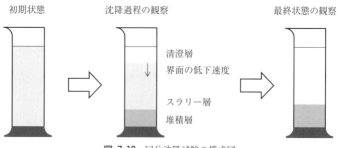

図 7.10　回分沈降試験の模式図

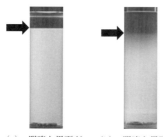

(a) 明瞭な界面が存在する場合　(b) 明瞭な界面が存在しない場合　図 7.11　沈降界面の決め方

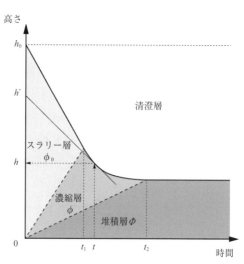

図 7.12　回分沈降曲線とキンチ理論

降下する．沈降時間が $t_1 < t < t_2$ では，濃縮層が沈降界面を形成するため，沈降界面の粒子濃度は時間とともに上昇し，それに伴い沈降界面の降下速度は次第に低下し，濃度が堆積層濃度になった時点 $t = t_2$ で沈降界面は降下を停止する．ある沈降時間 t[s]における沈降界面での体積粒子濃度 ϕ[—]と，その沈降速度 u_c [m·s^{-1}]は次のようにして求められる．まず，沈降時間 t のところで回分沈降曲線に接線を引きその y 軸切片 h'[m]を求める．h' は，高さ h_0，濃度 ϕ_0 のスラリーを初期濃度 ϕ に調製したときの初期高さを表しているので，次の式が成り立ち，沈降時間 t における粒子濃度 ϕ が求められる．

$$\phi = \frac{h_0}{h'} \phi_0 \tag{7.17}$$

また，粒子の沈降速度 u_c は回分沈降曲線の傾きであるため，次式によって求めることができる．

$$u_c = \frac{h' - h}{t} \tag{7.18}$$

図 7.12 に示す濃縮層は常にできるわけではなく，その形成条件は沈降流束(沈降速度と粒子濃度の積)によって与えられる[5]．

7.1.7 沈降パターンの観察例[6]

平均粒子径 0.48 μm の Mg 添加アルミナ粒子をポリカルボン酸アンモニウム(PCA)水溶液に分散させたスラリーで，粒子濃度および分散剤添加量を変えたときに観察される沈降パターンの例を紹介する．この系では，図 3.19 に示すように粒子濃度によらず添加量 3.6 mg·g^{-1}Al$_2$O$_3$ で PCA は飽和吸着するので，5.3.2 項，6.2.3 項で説明したようにそれより添加量が少ないと粒子は架橋凝集(ゲル化)し，多すぎると塊状凝集する．

分散剤添加量 1.6 mg·g^{-1}Al$_2$O$_3$ の場合の沈降の様子を図 7.13 に，その回分沈降曲線を図 7.14 に示す．なお，界面の位置は図 7.11 のように判断した．この条件では，図から明らかなとおり，粒子濃度が 20, 35 vol% では沈降開始直後から粒子はゲル化して明瞭な沈降界面を形成し集合沈降もしくは圧密沈降していると考えられる．粒子濃度が 10 vol% 以下のスラリーでは，濃度は低いためゲル化できないが，粒子の衝突により凝集体は成長し沈降速度が次第に速くなっている．

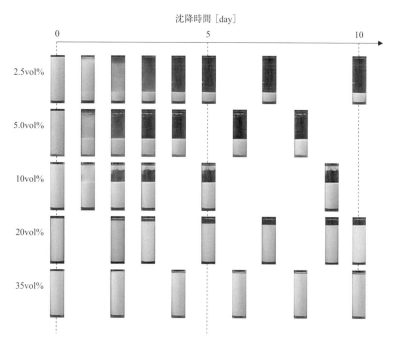

図 7.13 沈降途中のスラリーの様子(添加量 1.6 mg·g^{-1} Al$_2$O$_3$)
[木口崇彦,稲嶺育恵,佐藤根大士,森隆昌,椿淳一郎:粉体工学会誌,**47**,616-622(2010)]

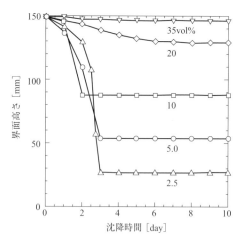

図 7.14 回分沈降曲線(添加量 1.6 mg·g^{-1} Al$_2$O$_3$)
[木口崇彦,稲嶺育恵,佐藤根大士,森隆昌,椿淳一郎:粉体工学会誌,**47**,616-622(2010)]

分散剤添加量 2.4 mg・g^{-1}Al$_2$O$_3$ の場合の沈降の様子を図 7.15 に，その回分沈降曲線を図 7.16 に示す．粒子濃度が 20, 35vol% のスラリーでは添加量 1.6 mg・g^{-1}Al$_2$O$_3$ の場合と同じ沈降パターンとなっている．一方，2.5～10vol% スラリーでは分散剤添加量の増加により凝集が妨げられるため，凝集体の成長に衝突頻度が影響し，粒子濃度が低いほど沈降終了まで時間を要している．

5.2.1 項で説明したように，粒子濃度が 15vol% を超すと粒子は常に他の粒子と接触し，30vol% を超すと常に 2 個以上の粒子と接触している状態になるので，粒子間に引力が働いている場合，20vol% 以上の濃度でゲル化することは理論的にも裏づけられている．したがって，粒子間に引力が働いている場合，粒子の沈降挙動は粒子濃度に対して不連続的に変化する．

分散剤 PCA が飽和吸着する添加量 3.6 mg・g^{-1}Al$_2$O$_3$ の場合の沈降の様子を図 7.17 に，その回分沈降曲線を図 7.18 に示す．粒子は PCA 分子で覆われているため，凝集は妨げられ分散状態で沈降する．そのため沈降界面は不明瞭であるが沈降速度は一定で，沈降終了までに長い時間がかかる．また，10vol% 以下のスラリーでは，長時間経過後に希薄スラリー層の中に複数の濃度不連続層が現れ，成相沈降となっていることがわかる．これは，5.2.3 項で説明した沈降凝集により形成されるものである．

分散剤添加量 6.0 mg・g^{-1}Al$_2$O$_3$ の場合の沈降の様子を図 7.19 に，その回分沈降曲線を図 7.20 に示す．沈降パターンは 3.6 mg・g^{-1}Al$_2$O$_3$ の場合とほぼ同じであるが，粒子濃度が 20vol% 以下のスラリーでは，沈降時間が 50 日程度で沈降曲線の傾きがわずかに増加していることから，粒子の凝集が起きていることがわかる．

次に，図 7.21～7.25 で粒子濃度ごとに分散剤添加量の影響をみてみる．粒子濃度 20vol% 以下のスラリーでは，分散剤が飽和吸着していない添加量 1.6, 2.4 mg・g^{-1}Al$_2$O$_3$ と飽和吸着している添加量 3.6, 6.0 mg・g^{-1}Al$_2$O$_3$ の沈降挙動に大きな違いがみられる．また，飽和吸着している場合 3.6 と 6.0 mg・g^{-1}Al$_2$O$_3$ のスラリーでは初期の沈降速度は同じであるが，5.3.2 項で説明したように電解質の過剰添加による凝集が起きるため，過剰添加スラリーの沈降速度は速くなる．

粒子濃度が 30vol% を超すと，5.2.1 項で説明したとおり，幾何学的に各々の粒子は常に他の 2 個以上の粒子と接触して一つの連続層を形成するので，沈降パ

134   7 粒子の沈降・堆積挙動

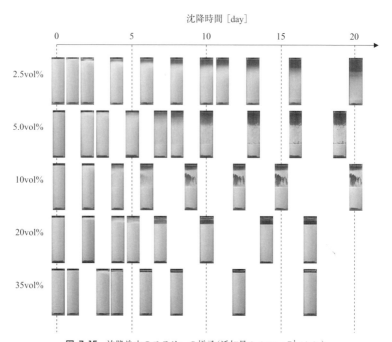

図 7.15 沈降途中のスラリーの様子(添加量 2.4 mg·g^{-1} Al$_2$O$_3$)
[木口崇彦,稲嶺育恵,佐藤根大士,森隆昌,椿淳一郎:粉体工学会誌,**47**,616-622(2010)]

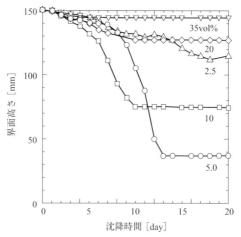

図 7.16 回分沈降曲線(添加量 2.4 mg·g^{-1} Al$_2$O$_3$)
[木口崇彦,稲嶺育恵,佐藤根大士,森隆昌,椿淳一郎:
粉体工学会誌,**47**,616-622(2010)]

7.1 粒子の沈降挙動

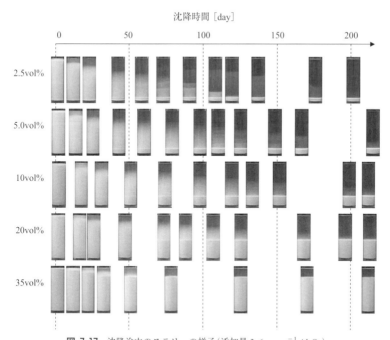

図 7.17 沈降途中のスラリーの様子(添加量 $3.6\ \mathrm{mg\cdot g^{-1}\ Al_2O_3}$)
[木口崇彦, 稲嶺育恵, 佐藤根大士, 森隆昌, 椿淳一郎:粉体工学会誌, **47**, 616-622(2010)]

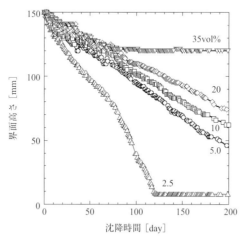

図 7.18 回分沈降曲線(添加量 $3.6\ \mathrm{mg\cdot g^{-1}\ Al_2O_3}$)
[木口崇彦, 稲嶺育恵, 佐藤根大士, 森隆昌, 椿淳一郎:
粉体工学会誌, **47**, 616-622(2010)]

136   7 粒子の沈降・堆積挙動

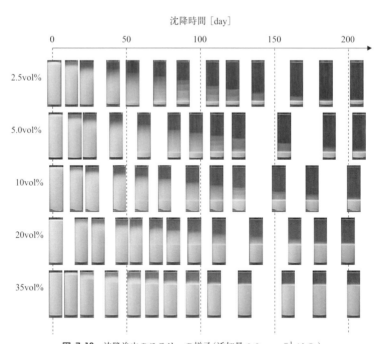

図 7.19 沈降途中のスラリーの様子（添加量 6.0 mg·g^{-1} Al$_2$O$_3$）
［木口崇彦，稲嶺育恵，佐藤根大士，森隆昌，椿淳一郎：粉体工学会誌，**47**，616-622（2010）］

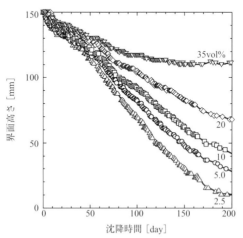

図 7.20 回分沈降曲線（添加量 6.0 mg·g^{-1} Al$_2$O$_3$）
［木口崇彦，稲嶺育恵，佐藤根大士，森隆昌，椿淳一郎：粉体工学会誌，**47**，616-622（2010）］

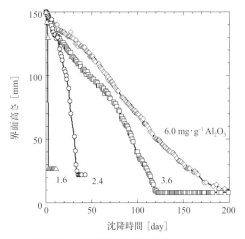

図 7.21 回分沈降曲線(粒子濃度 2.5vol%)
[木口崇彦,稲嶺育恵,佐藤根大士,森隆昌,椿淳一郎:粉体工学会誌,**47**,616-622(2010)]

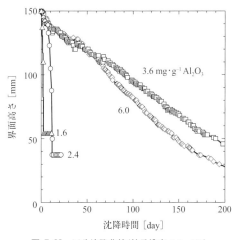

図 7.22 回分沈降曲線(粒子濃度 5.0vol%)
[木口崇彦,稲嶺育恵,佐藤根大士,森隆昌,椿淳一郎:粉体工学会誌,**47**,616-622(2010)]

ターンは分散剤添加量によらず圧密沈降となる.図 7.25 に粒子濃度 35vol%の干渉沈降速度をリチャードソン・ザキ式から求め破線で示したが,実際の沈降速度は圧密沈降であるため計算値よりもはるかに小さな値となる.

圧密沈降は粉体層の圧縮変形なので,その変形速度を支配するのは流体抗力で

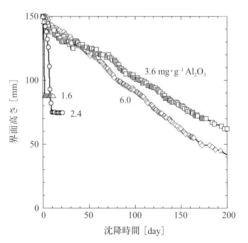

図 7.23 回分沈降曲線(粒子濃度 10vol%)
[木口崇彦, 稲嶺育恵, 佐藤根大士, 森隆昌, 椿淳一郎:
粉体工学会誌, **47**, 616-622(2010)]

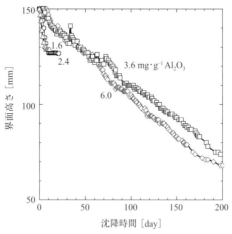

図 7.24 回分沈降曲線(粒子濃度 20vol%)
[木口崇彦, 稲嶺育恵, 佐藤根大士, 森隆昌, 椿淳一郎:
粉体工学会誌, **47**, 616-622(2010)]

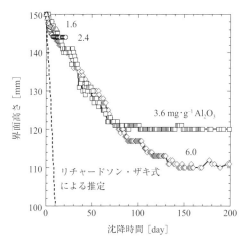

図 7.25 回分沈降曲線(粒子濃度 35vol%)
［木口崇彦, 稲嶺育恵, 佐藤根大士, 森隆昌, 椿淳一郎：粉体工学会誌, **47**, 616-622(2010)］

はなく粒子接触点に働く摩擦となる．

7.2 堆積層の固化

図 5.17 に紹介したように，堆積層の流動挙動はスラリーの調製条件により異なる．粒子がよく分散したスラリーにおいて，スパチュラでも崩せないほど固い堆積層を形成(固化)することがしばしばあり，トラブルの原因となっている．著者らは，DLVO 理論によってこの堆積層固化現象を以下のように解明した[7,8]．

実験に使用した粒子は粒子径 2.0 μm のアルミナ研磨材で，そのゼータ電位を図 7.26 に示す．pH 調整された粒子濃度 3.0vol%のスラリーを，内径 20 mm の沈降管に高さ 150 mm まで入れ，図 7.27 に示す堆積層を形成した．堆積層の充填率は pH によらず 0.64 であるが，沈降管を傾けると違いがみられた．等電点近傍の pH 6.0 では沈降管を傾けても堆積層に変化はみられないが，pH 4.0, 5.0 では傾けることによって堆積層上部が崩れ落ち(流動)，その量はゼータ電位の高い pH 4.0 のほうが多かった．

等電点近傍の pH 6.0 の場合，粒子間ポテンシャルは図 4.4 となるので，粒子間には常に引力しか働かず堆積層は固化する．それに対して，pH 4.0, 5.0 の粒

140   7 粒子の沈降・堆積挙動

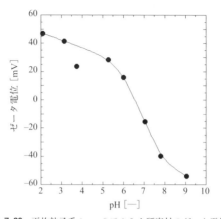

図 7.26 平均粒子系 2 μm のアルミナ研磨材のゼータ電位
[Satone, H., T. Mamiya, A. Harunari, T. Mori and J. Tsubaki: *Adv. Powder Technol.*, **19**, 293-306(2008)]

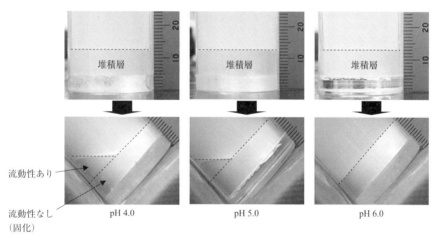

図 7.27 堆積層内の流動性のある層の違い
[Satone, H., T. Mamiya, A. Harunari, T. Mori and J. Tsubaki: *Adv. Powder Technol.*, **19**, 293-306(2008)]

子間ポテンシャルは図 4.5 となるので,粒子がポテンシャル障壁を越えて接近できなければ,粒子が固化することはない.そこで粒子堆積時の固化現象を図 7.28 のように簡単にモデル化した.

このモデルで,上から n 番目の粒子に着目すると,着目粒子と $n+1$ 番目の粒子に作用する圧縮力は粒子 n 個分の有効重力(重力 − 浮力)となる.この有効重

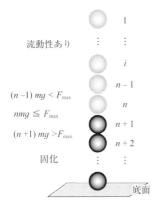

図 7.28 堆積層の固化モデル
[Satone, H., T. Mamiya, A. Harunari, T. Mori and J. Tsubaki: *Adv. Powder Technol.*, **19**, 293-306(2008)]

力が粒子間に働く最大反発力を超えるとき，粒子はポテンシャル障壁を越えて第一極小まで接近して固化した堆積層を形成する．したがって，堆積粒子が固化堆積層となる条件は，粒子の有効質量を m [kg]，個数を n，最大反発力を F_{max} [N] とすると次式で表される．

$$nmg > F_{max} \tag{7.19}$$

したがって，堆積層上部の流動性をもつ層高さは，粒子径を x [m] とすると nx [m] となる．しかし，この高さは堆積層が立方配列をしている場合に限られるため，立方配列の場合の充填率 0.52 を実際に得られる堆積層の充填率 Φ_s [—] で補正して，最終的に流動性のある堆積層高さ h_{max} [m] は次式で得られる．

$$h_{max} = \frac{0.52}{\Phi_s} \cdot nx = \frac{0.52}{\Phi_s} \cdot \left\{ \frac{F_{max}}{\frac{\pi}{6} x^3 (\rho_p - \rho_l) g} \right\} \cdot x \tag{7.20}$$

式(7.20)を検証するため，HCl と NaCl の添加によりスラリーの pH だけでなくイオン濃度も変えて実験を行い，図 7.29 に示す結果が得られた．流動性のある層高さと最大反発力の相関係数は 0.94 なので，図 7.28 に示す簡単な粒子堆積モデルによって堆積層の固化現象が予測できることがわかる．

一般に固化現象は最大反発力ではなくポテンシャル障壁高さで論じられることが多いが，両者には図 4.11 に示したように相関性があるため，流動性のある層高さとポテンシャル障壁高さの間にも図 7.31 に示すような相関関係が成り立つ．

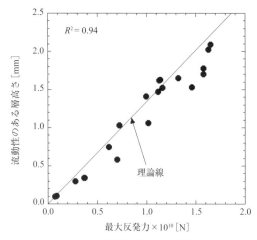

図 7.29 堆積層の固化モデルと実験値との比較

[Satone, H., T. Mamiya, A. Harunari, T. Mori and J. Tsubaki: *Adv. Powder Technol.*, **19**, 293-306(2008)]

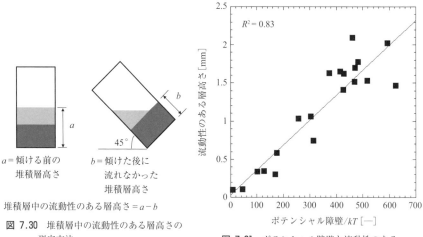

図 7.30 堆積層中の流動性のある層高さの測定方法

[Satone, H., T. Mamiya, A. Harunari, T. Mori and J. Tsubaki: *Adv. Powder Technol.*, **19**, 293-306 (2008)]

図 7.31 ポテンシャル障壁と流動性のある層高さとの関係

[Satone, H., T. Mamiya, A. Harunari, T. Mori and J. Tsubaki: *Adv. Powder Technol.*, **19**, 293-306(2008)]

しかし，相関係数は 0.83 で最大反発力をベースにしたモデルを用いた場合の 0.94 よりも小さいことから，最大反発力が固化現象を支配していることがわかる．

以上の結果から，堆積層の形成過程は図 7.32 のようになっていると考えられる．沈降・堆積開始から堆積層の高さが h_{max} に達するまでは，堆積層全体に流動性があり容易に再分散可能で，その後は堆積層上部に h_{max} の流動性のある層を保持したまま，堆積層底部に固化層が形成される．言い換えれば，固化層ができ始める固化開始時間が存在するといえる．堆積層の形成速度を $v_s\,[\mathrm{m\cdot s^{-1}}]$ とすると，固化開始時間 $t_s\,[\mathrm{s}]$ は次式となる．

$$t_s = \frac{h_{max}}{v_s} \tag{7.21}$$

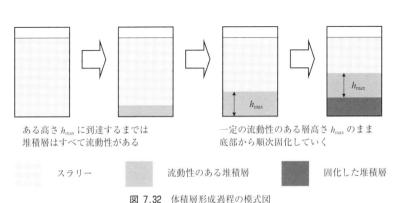

図 7.32 体積層形成過程の模式図
[Satone, H., T. Mamiya, T. Mori and J. Tsubaki: *Adv. Powder Technol.*, **20**, 41-47(2009)]

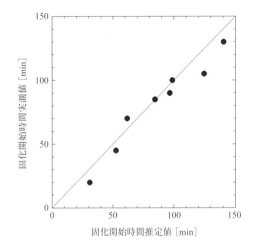

図 7.33 モデルから推定した固化開始時間の精度
[Satone, H., T. Mamiya, T. Mori and J. Tsubaki: *Adv. Powder Technol.*, **20**, 41-47(2009)]

実験で求めた堆積層形成速度 v_s を用いて式(7.21)から計算した固化開始時間と，実験で固化層が確認され始めた時間とを比較したものが図 7.33 である．図から明らかなとおり推定値と実験値がよく一致していることから，図 7.29 に示すモデルは固化層の厚さだけでなく形成過程の推測にも有効である．

なお，F_{max} を求めることが難しい場合は，図 7.30 のような実験をして堆積層充填率と流動性のある堆積層高さを測定する．それらの値を式(7.20)の Φ_s と h_{max} の値として用いれば，F_{max} を推定できる．

形成される堆積層厚さが h_{max} より薄ければ，堆積層が固化することはないので，初期高さ h_0，初期濃度 ϕ_0 のスラリー中の粒子が沈降・堆積して，高さ h_s，充填率 Φ_s の堆積層を形成するとき，次の式が満たされればスラリーを長期間放置しても堆積層は固化しない．

$$h_{max} \geq h_s = \frac{\phi_0}{\Phi_s} \cdot h_0 \tag{7.22}$$

引用文献

1) Steinour, H. H.: "Rate of Sedimentation. Nonflocculated Suspensions of Uniform Spheres", *Ind. Eng. Chem.*, **36**, 618-624(1944).
2) Richardson, J. F. and N. W. Zaki: "Sedimentation and Fluidisation: Part 1", *Trans. Ins. Chem. Eng.*, **32**, 35-662(1954).
3) 佐藤根大士，西馬一樹，飯村健次，鈴木道隆，森隆昌，椿淳一郎："静水圧測定法を用いた濃厚スラリーの粒子径分布測定―初期濃度の影響", 粉体工学会誌, **48**, 456-463(2011).
4) 金孝政，森隆昌，椿淳一郎："沈降挙動に及ぼすスラリー初期濃度及び分散剤添加量の影響", 粉体工学会誌, **41**, 656-662(2004).
5) 椿淳一郎，鈴木道隆，神田良照："入門 粒子・粉体工学", pp.124-125, 日刊工業新聞(2002).
6) 木口崇彦，稲嶺育恵，佐藤根大士，森隆昌，椿淳一郎："分散剤の添加量が粒子沈降挙動に及ぼす影響", 粉体工学会誌, **47**, 616-622(2010).
7) Satone, H., T. Mamiya, A. Harunari, T. Mori and J. Tsubaki: "Solidification Mechanism of the Sediment Formed by Particle Settling -Analysis of the Final state of the Sediment-", *Adv. Powder Technol.*, **19**, 293-306(2008).
8) Satone, H., T. Mamiya, T. Mori and J. Tsubaki: "Solidification Mechanism of the Sediment Formed by Particle Settling -Analysis of the Formation of the Solidified Layer-", *Adv. Powder Technol.*, **20**, 41-47(2009).

補足:式(7.11)の厳密解と近似解の比較

$$\frac{\pi}{6}x^3\left(\rho_{\mathrm{p}}+\frac{1}{2}\rho_1\right)\frac{\mathrm{d}^2 r}{\mathrm{d}t^2}+3\pi\mu x\frac{\mathrm{d}r}{\mathrm{d}t}-\frac{\pi}{6}x^3(\rho_{\mathrm{p}}-\rho_1)r\omega^2=0 \tag{7.11}$$

式(7.11)を $t=0$ で $r=r_0$, $\mathrm{d}r/\mathrm{d}t=0$ の条件で解くと次の解が得られる.

$$r=\frac{r_0}{\lambda_1-\lambda_2}\{-\lambda_2\exp(\lambda_1 t)+\lambda_1\exp(\lambda_2 t)\} \tag{7.11.1}$$

ここで,λ_1, λ_2 は式(7.11)の特性方程式(7.11.2)の解である.

$$\lambda^2+\frac{18\mu}{(\rho_{\mathrm{p}}+\rho_1/2)x^2}\lambda-\frac{\rho_{\mathrm{p}}-\rho_1}{\rho_{\mathrm{p}}+\rho_1/2}\omega^2=0 \tag{7.11.2}$$

これを解くと,

$$\lambda_1=\frac{-18\mu+\sqrt{18^2\mu^2+4(\rho_{\mathrm{p}}-\rho_1)(\rho_{\mathrm{p}}+\rho_1/2)x^4\omega^2}}{2(\rho_{\mathrm{p}}+\rho_1/2)x^2} \tag{7.11.3}$$

$$\lambda_2=\frac{-18\mu-\sqrt{18^2\mu^2+4(\rho_{\mathrm{p}}-\rho_1)(\rho_{\mathrm{p}}+\rho_1/2)x^4\omega^2}}{2(\rho_{\mathrm{p}}+\rho_1/2)x^2} \tag{7.11.4}$$

数 µm 粒子の場合,λ_2 は負の 10^6 オーダーの値になるので $\exp(\lambda_2 t)=0$ とみなせる.また $r=r_0+\Delta r$ なので,式(7.11.1)は次式となる.

$$\Delta r=r_0\left\{\frac{\lambda_2\exp(\lambda_1 t)}{\lambda_2-\lambda_1}-1\right\} \tag{7.11.5}$$

さらに $|\lambda_2|\gg|\lambda_1|$ なので,沈降距離 Δr は次式で求められる.

$$\frac{\Delta r}{r_0}=\exp(\lambda_1 t)-1 \tag{7.11.6}$$

また,沈降速度は式(7.11.6)を微分して次式で求められる.

$$u_{\mathrm{r}}=\frac{\mathrm{d}\Delta r}{\mathrm{d}t}=(\Delta r+r_0)\lambda_1=r\lambda_1 \tag{7.11.7}$$

8 粒子の充填特性

 形状付与されたスラリーは静置され,最終製品に無用な媒液が除去(乾燥)される.媒液が除去されることは粒子濃度が上がることであるから,この工程においては粒子の充填特性が最も重要なスラリー特性となる.

 本章においては,従来から行われている目視による回分沈降試験と著者らが開発した沈降静水圧法と定圧沪過法の評価原理と適用例を紹介する.

8.1 回分沈降試験による評価・解析

8.1.1 目 視

 最も手軽な評価法は 7.1.6 項で説明した回分沈降試験で,すべての粒子が沈降し終わったあとに堆積層の充填率を測定する方法である.図 8.1[1]は,7.1.7 項でその沈降過程を示した Mg 添加アルミナスラリーから得られた堆積層の充填率である.分散剤のポリカルボン酸アンモニウム(PCA)添加量は $1.6\,\mathrm{mg\cdot g^{-1}\,Al_2O_3}$ から 1.5 倍ずつ増やしてあるが,堆積層充填率の増加はそれに対応しておらず,2.4 と $3.6\,\mathrm{mg\cdot g^{-1}\,Al_2O_3}$ の間で不連続に増加している.4.3 節で説明したとおり,飽和吸着に達するまでは PCA イオンの架橋により粒子は凝集するが,飽和吸着量に達し表面が PCA イオンに覆い尽くされると,立体障害と静電反発力により粒子は分散し,充填特性は不連続的に良くなる.また,飽和吸着量よりも過剰に添加することにより充填特性はさらに良くなっている.PCA を過剰添加すると,凝析効果により粒子は塊状凝集し,塊状凝集は充填特性や流動性の向上に寄与することがわかる.

 評価に必要な器具は沈降管だけなのでいつでも手軽で安価に行うことができ,

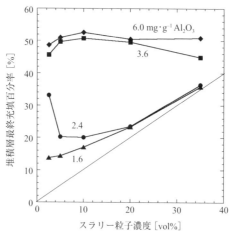

図 8.1 ポリカルボン酸アンモニウム添加量が堆積層最終充填百分率に及ぼす影響
［木口崇彦，稲嶺育恵，佐藤根大士，森隆昌，椿淳一郎：粉体工学会誌，**47**，616-622（2010）］

また沈降過程を観察することで充填特性以外の多くの情報を得られるので，回分沈降試験は優れた方法であるが，最大の欠点は評価に要する時間が長いことである．例えば，図 7.25 に示したように添加量 3.6 と 6.0 mg・g^{-1}Al$_2$O$_3$ の違いが表れるのは，沈降開始後 3 か月近く経ってからである．また媒液の透明度が低い場合や粒子が沈降管壁へ付着しやすい場合は，堆積層界面の識別が難しくなる．スラリー表面からの蒸発や周りの温度変化によって沈降管内部に対流が起きるので，沈降試験中は蒸発を防ぎ，できるだけ温度一定の環境中に沈降管を静置しなければならないなど，相応に注意が必要である．

8.1.2 沈降静水圧法

　回分沈降試験で観察する清澄層に接した沈降界面の粒子濃度は，上から沈降してくる粒子がないので沈降開始時の仕込み濃度が最大であとは低下するのみである．また沈降界面近傍で凝集が起こっても，凝集体の沈降速度は大きいので，沈降界面の降下速度は未凝集粒子の沈降速度に等しくなる．したがって，沈降界面の観察から粒子充填特性を評価することは難しく，沈降が終了し堆積層界面が観察されてはじめて充填特性の評価が可能になる．しかしスラリー下部で何らかの

観察を行えれば，凝集粒子の沈降挙動も含めて評価することができるので沈降界面の目視より短い時間で充填特性を評価できるものと期待される．

著者らはスラリー中の静水圧に着目し，図8.2にその原理を示す沈降静水圧法[2]を開発した．沈降している粒子の質量は流体抗力によって支えられるので，静水圧は懸濁粒子の質量分だけ高くなる．粒子密度 ρ_p [kg·m^{-3}] の粒子が，体積分率(濃度) ϕ [—]で密度 ρ_l [kg·m^{-3}] の媒液中に一様に懸濁しているとき，深さ H [m] における静水圧を考える．沈降開始時はすべての粒子が懸濁しているため，静水圧は最も高く，次式で求められる．

$$P_{\max} = \{(\rho_p - \rho_l)\phi + \rho_l\}gH \tag{8.1}$$

懸濁粒子がすべて深さ H を通過してしまえば，次式で表される媒液だけの静水圧(最小値)まで低下する．

$$P_{\min} = \rho_l gH \tag{8.2}$$

測定した静水圧が P [Pa] であれば，$(P - P_{\min})/(P_{\max} - P_{\min})$ がまだ深さ H より上で懸濁している粒子の割合を示し，$(P_{\max} - P)/(P_{\max} - P_{\min})$ がすでに沈降して深さ H を通過してしまった粒子の割合を示す．

図8.3に粒子集合状態と静水圧経時変化の関係をモデル的に示したが，粒子がよく分散して沈降する場合は(A)，凝集体を形成して沈降する場合は(B)，沈降

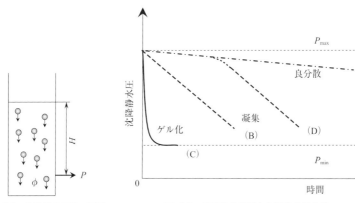

図8.2 沈降静水圧法の原理　　図8.3 粒子集合状態と沈降静水圧曲線

開始と同時にゲル化する場合は(C)のように静水圧は低下する．また，沈降開始時は分散しているが途中で凝集体を形成する場合は(D)のように変化するので，粒子集合状態を沈降静水圧曲線から知ることができる．

図 8.4〜8.6[3)]に 20vol％の Mg 添加アルミナスラリーに適用した例を示す．スラリーは pH を変えて調製したが，そのときの粒子間ポテンシャルを図 8.4 に示した．スラリー初期高さ 90 mm の回分沈降曲線を図 8.5 に示した．図 8.4 でポテンシャル障壁の最も高い pH 4.2 で最も密な堆積層を形成し，ポテンシャル障壁のない pH 6.8 では短時間のうちにゲル化しスラリー濃度と変わらない充填率の堆積層となっている．また界面の降下速度は pH によらずほぼ等しいため，pH 5.5 と pH 4.2 を識別するためには 60 h ほど待たなければならない．それに対して沈降静水圧では図 8.6 に示すように，沈降開始 0.5 h までには pH による沈降挙動の違いを識別できており，pH 4.2 が図 8.3 のパターン (A) に，pH 6.0 が (B)，pH 6.8 が (C)，pH 5.5 が (D) に分類される．

8.1.3 充填特性に及ぼす粒子間力の影響

図 8.7 に示すように，回分沈降曲線と沈降静水圧曲線を併せて解析することに

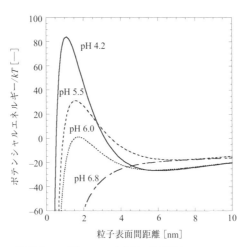

図 8.4 Mg 添加アルミナ粒子の粒子間ポテンシャル
［森隆昌，伊藤誠，杉本理充，森英利：粉体工学会誌，**41**，522-528(2004)］

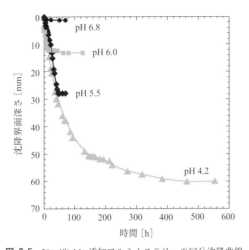

図 8.5 20vol% Mg 添加アルミナスラリーの回分沈降曲線
（スラリー初期高さ 90 mm）
［森隆昌，伊藤誠，杉本理充，森英利：粉体工学会誌，**41**，522-528（2004）］

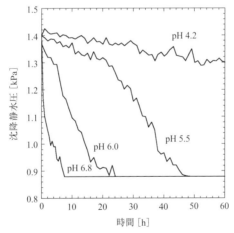

図 8.6 20vol% Mg 添加アルミナスラリーの回分沈降静水圧
［森隆昌，伊藤誠，杉本理充，森英利：粉体工学会誌，**41**，522-528（2004）］

より，堆積層の形成過程を定量的に推測することができる[4]．スラリー界面から沈降してくる流束 U_u [kg·m^{-2}·s^{-1}]は，界面の降下速度 u_u [m·s^{-1}]と界面での体積濃度 ϕ_u [—]がわかれば次式で求められる．

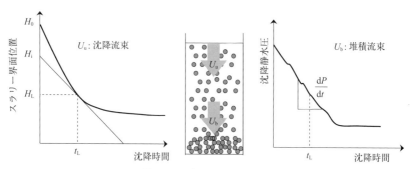

図 8.7 堆積層形成過程の解析

[Mori, T., Y. Hori, H. Fei, I. Inamine, K. Asai, T. Kiguchi and J. Tsubaki: *Adv. Powder Technol.*, **17**, 319-332(2006)]

$$U_u = u_u \phi_u (\rho_p - \rho_l) \tag{8.3}$$

また,沈降時間 t_L [s]時の u_u と ϕ_u は,7.1.6項で説明したキンチ理論によって次式で求められる[5]。

$$u_u = \frac{H_i - H_L}{t_L} \tag{8.4}$$

ここで,H_i [m]と H_L [m]は図8.7に示す回分沈降曲線より読み取る.

$$\phi_u = \frac{H_0}{H_i} \phi_0 \tag{8.5}$$

H_0 [m]はスラリー初期高さ,ϕ_0 [—]はスラリー仕込み濃度である.一方,堆積層に降り積もる堆積流束 U_b [kg·m^{-2}·s^{-1}]は沈降静水圧より次式で求められる.

$$U_b = -\frac{1}{g}\frac{dP}{dt} \tag{8.6}$$

また,粒子の沈降が凝集を伴わない干渉沈降である場合は,流束比を解析的に解くことができ,堆積層の充填率 Φ [—]と ϕ_0 の関数として与えられる.

$$\frac{U_b}{U_u} = \frac{\Phi}{\Phi - \phi_0} \tag{8.7}$$

この考え方で,30vol%の3.0 μmアルミナ研磨材スラリーの沈降・堆積過程を解析してみた[4].アルミナ研磨材のゼータ電位を図8.8に,回分沈降曲線を図8.9に,沈降静水圧曲線を図8.10にそれぞれ示した.ゼータ電位による回分沈

8.1 回分沈降試験による評価・解析   153

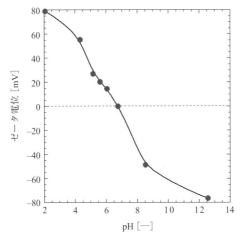

図 8.8 アルミナ研磨材のゼータ電位
[Mori, T., Y. Hori, H. Fei, I. Inamine, K. Asai, T. Kiguchi and J. Tsubaki: *Adv. Powder Technol.*, **17**, 319-332(2006)]

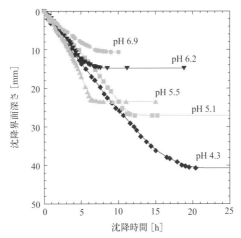

図 8.9 アルミナ研磨材の回分沈降曲線
[Mori, T., Y. Hori, H. Fei, I. Inamine, K. Asai, T. Kiguchi and J. Tsubaki: *Adv. Powder Technol.*, **17**, 319-332(2006)]

降曲線と沈降静水圧曲線の変化は，図 8.4〜8.6 に示した 0.48 μm の Mg 添加アルミナスラリーと同じである．図 8.11 に流束比の経時変化を示したが，いずれの pH でも時間とともに流束比は大きくなっているので，粒子の凝集が進んでい

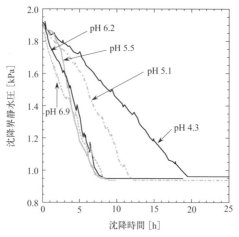

図 8.10 アルミナ研磨材スラリーの沈降静水圧
[Mori, T., Y. Hori, H. Fei, I. Inamine, K. Asai, T. Kiguchi and J. Tsubaki: *Adv. Powder Technol.*, **17**, 319-332(2006)]

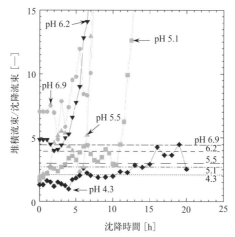

図 8.11 アルミナ研磨材スラリーの堆積層形成過程
[Mori, T., Y. Hori, H. Fei, I. Inamine, K. Asai, T. Kiguchi and J. Tsubaki: *Adv. Powder Technol.*, **17**, 319-332(2006)]

ることがわかる．pH 5.1 と pH 5.5 のスラリーでは，図 8.10 にみるとおり沈降静水圧は途中で低下速度が増していることから，粒子は凝集体として沈降している．これに対応して pH 5.1 と pH 5.5 のスラリーでは，数時間後に流束比が急激

に増大している．等電点近傍のpH 6.2, 6.9のスラリーでは沈降開始と同時に凝集が始まるので，より短い時間で流束比は急増する．それに対して，pH 4.3のスラリーでは流束比の急増がみられないので，急激な凝集は起きていないものと思われる．また，堆積層充填率の実測値を使って式(8.7)より計算した干渉沈降を仮定した場合の流束比を一群の破線で示した．pH 4.3～5.5のスラリーでは沈降の初期では計算値と実測値はある程度合っている．それに対して，pH 6.2, 6.9のスラリーでは，沈降初期から実測値は計算値を上回っていることから，粒子は沈降堆積するだけでなくゲル化によっても成長していることがわかる．

沈降開始20 minと5 h後に，堆積層最終充填率と流束比の関係をプロットしたのが，図8.12である．どちらのプロットでも充填率と流束比はよく相関しているが，粒子が凝集状態に変化したあとの5 h後のプロットは線形に相関している．

このように，スラリー中の粒子が沈降途中で分散状態から凝集状態に変化することで，粒子は一見すると奇妙な堆積挙動を示す．図8.13[3)]は，図8.4にその粒子間ポテンシャルを示したMg添加アルミナ粒子の20vol%スラリーの堆積層最終充填率とスラリー初期高さの関係を示したものである．乾式粉体層で層高さを

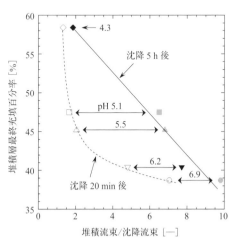

図 8.12 堆積層充填率と流速比
[Mori, T., Y. Hori, H. Fei, I. Inamine, K. Asai, T. Kiguchi and J. Tsubaki: *Adv. Powder Technol.*, **17**, 319-332(2006)]

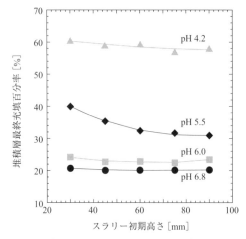

図 8.13　20vol% Mg 添加アルミナスラリーの堆積層充填率に及ぼす初期高さの影響
［森隆昌，伊藤誠，杉本理充，森英利：粉体工学会誌，**41**，522-528（2004）］

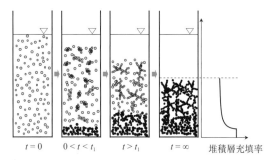

図 8.14　Mg 添加アルミナスラリーの堆積層形成モデル
［森隆昌，伊藤誠，杉本理充，森英利：粉体工学会誌，**41**，522-528（2004）］

増せば自重による圧縮力が増すので，粉体層充填率が層高さとともに小さくなることは起こりえない．しかし，スラリーの沈降堆積では図8.13に示すように充填率はスラリー初期高さとともに小さくなっている．特にこの現象が著しいpH 5.5のスラリーの沈降静水圧曲線を図8.6でみてみると，沈降開始20 hあたりで静水圧の低下速度が大きくなり粒子の凝集が進んでいることがわかる．このことから堆積層の形成過程を図8.14のように考えることができる．沈降初期 ($0<t<t_1$) には粒子がまだ分散しているので，形成される堆積層の充填率は高い

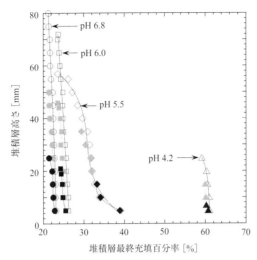

図 8.15 Mg 添加アルミナスラリーの堆積層充填率分布
（スラリー初期高さ：白のプロット 90 mm, 灰色のプロット 60 mm, 黒のプロット 30 mm）
[森隆昌, 伊藤誠, 杉本理充, 森英利：粉体工学会誌, **41**, 522-528 (2004)]

が，凝集粒子が沈降してくると $(t>t_1)$ 疎な堆積層を形成する．したがって，堆積層の平均充填率は時間とともに低下することになる．この仮説を確認するため，γ 線密度計を用いて堆積層充填率の分布を測定してみると，図 8.15 に示すように仮説で予想されたとおりの充填率分布が得られた．

このように粒子集合状態の経時変化は，図 6.19 に示したようにスラリーの流動状態も変えるのでスラリーの重要な評価項目である．

8.2 定圧沪過法による評価・解析[6〜8]

回分沈降試験では，堆積層の自重以上の圧縮力は働かない．しかし圧力鋳込みなどのように自重より大きな圧力で成形することも珍しくない．そのような条件下での充填特性は定圧沪過法によって評価できる．

その原理を図 8.16 に示す．粒子体積濃度 ϕ_0 [—] のスラリーに P [Pa] の一定圧を加えると，媒液は沪液として透過し粒子はケークとして捕集される．単位沪過面積あたりの積算沪液量を V [m], ケークの厚さを L [m] とし，ケーク内に

158   8 粒子の充填特性

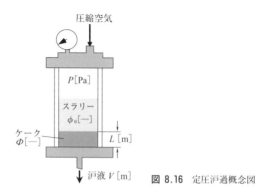

図 8.16 定圧沪過概念図

充填率分布はなく Φ [—]で一様であると仮定すると,圧力 P と沪過速度 V [m·s^{-1}]は次のコゼニー・カーマン(Kozeny-Carman)式によって関係づけられる.

$$P=\left\{R_\mathrm{m}+5S_\mathrm{v}^2\frac{\Phi^2}{(1-\Phi)^3}L\right\}\mu\frac{\mathrm{d}V}{\mathrm{d}t} \tag{8.8}$$

ここで,R_m [m^{-1}]は沪材抵抗,S_v [m^{-1}]は粒子の体積基準の比表面積,μ [Pa·s]は媒液の粘度である.式(8.8)を単位沪過面積あたりのケーク体積である ΦL で書き換えると次式となる.

$$\frac{1}{5S_\mathrm{v}^2}\left(\frac{P}{\mu}\frac{\mathrm{d}t}{\mathrm{d}V}-R_\mathrm{m}\right)=\frac{\Phi}{(1-\Phi)^3}\Phi L \tag{8.9}$$

ほとんどの場合,沪材抵抗はケーク抵抗に比べて無視小なので式(8.9)は次式としてよい.

$$\frac{P}{5S_\mathrm{v}^2\mu}\frac{\mathrm{d}t}{\mathrm{d}V}=\frac{\Phi}{(1-\Phi)^3}\Phi L \tag{8.10}$$

式(8.10)は,ケーク充填率 Φ が一定なら沪過抵抗 $\mathrm{d}t/\mathrm{d}V$ はケーク厚さ L に比例することを示している.

分散剤としてポリアクリル酸アンモニウム(PAA)を添加した Mg 添加アルミナスラリーを用いた系統的な定圧沪過試験の結果,沪過曲線は図 8.17~8.20 に示す四つのパターンに分類されることがわかった[8].沪過曲線の違いを解釈するために,ケーク形成時のケーク内圧縮応力分布を考えてみる.図 8.21 に示す沪材より上部 y [m]の位置で,一様なケークに作用する圧縮応力 $P_{y,\mathrm{L}}$ [Pa]を考えてみる.沪材表面から形成されたケークが y の位置に達すると,ケークには圧縮応力

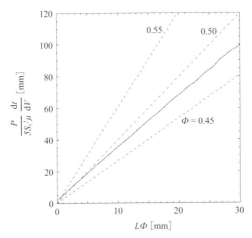

図 8.17 定圧濾過曲線パターン A
(粒子濃度 35vol%, PAA 添加量 2.4 mg·g^{-1}Al$_2$O$_3$, 濾過圧力 200 kPa)
[Mori, T., H. Kim, K. Ato and J. Tsubaki: *J. Ceram. Soc. Jpn.*, **114**, 318-322(2006)]

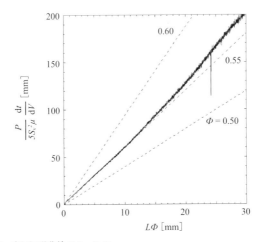

図 8.18 定圧濾過曲線パターン B
(粒子濃度 35vol%, PAA 添加量 6.0 mg·g^{-1}Al$_2$O$_3$, 濾過圧力 200 kPa)
[Mori, T., H. Kim, K. Ato and J. Tsubaki: *J. Ceram. Soc. Jpn.*, **114**, 318-322(2006)]

が発生し形成時のゼロから濾過終了時の圧力 P_{y,L_∞} まで増大する. また, P_{y,L_∞} はケーク下部ほど大きくなる. したがって一定圧力で濾過していても, 濾過の進行に伴い, ケークを圧縮する応力はより大きくなる.

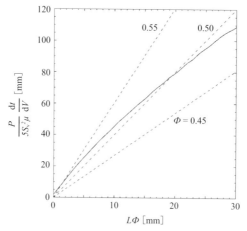

図 8.19 定圧沪過曲線パターン C
　　　　（粒子濃度 35vol%，PAA 添加量 1.6 mg·g^{-1}Al$_2$O$_3$，沪過圧力 200 kPa）
　　［Mori, T., H. Kim, K. Ato and J. Tsubaki: *J. Ceram. Soc. Jpn.*, **114**, 318-322(2006)］

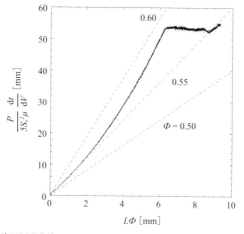

図 8.20 定圧沪過曲線パターン D
　　　　（粒子濃度 10vol%，PAA 添加量 20.6 mg·g^{-1}Al$_2$O$_3$，沪過圧力 100 kPa）
　　［Mori, T., H. Kim, K. Ato and J. Tsubaki: *J. Ceram. Soc. Jpn.*, **114**, 318-322(2006)］

　図 8.17 は沪過曲線が直線とみなせるので，ケークの充填率は一様に 0.48 で分布はなく，200 kPa の圧縮応力でもケークは圧密されていない．図 8.18 の沪過曲線は下に凸で，沪過抵抗はケーク厚さに比例していないのでより大きくなってお

8.2 定圧沪過法による評価・解析　161

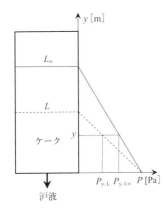

図 8.21　ケーク内圧縮応力分布

り，ケーク下部で圧密が起きていると考えられる．逆に図 8.19 の沪過曲線は上に凸になっているので，図 8.14 に示したのと同様のメカニズムで，沪過の進行に伴い疎なケークが形成され，ケーク下部での圧密は起きていないと考えられる．図 8.20 の沪過曲線は，粒子の沈降速度が大きく沪過終了前に粒子がすべて沈降堆積してケークを形成するパターンである．この場合，沈降堆積によるケーク形成も沪過によるケーク形成とみなされるため，見かけ上沪過抵抗は大きくなり，沈降堆積によるケークの形成が終わると媒液だけが透過してくるので沪過抵抗の増加はみられない．

　沪過実験に用いた PAA の分子量は 6200 で，その Mg 添加アルミナへの吸着挙動は図 6.15 に示してある．図 8.17〜8.20 の沪過曲線とこの吸着挙動を対応させてみると，図 8.17 に示すパターン A は，ポリアクリル酸イオンが粒子表面を覆い尽くしたあたりで起きている．図 8.18 に示すパターン B は PAA の過剰添加により粒子が塊状凝集する条件で起きている．図 8.19 に示すパターン C では，粒子表面にまだ吸着サイトが残っているため沪過の進行中に粒子は凝集し，凝集体がケークを形成するためケークの沪過抵抗は低下していく．図 8.20 に示すパターン D では，PAA が大過剰に添加されているためすべての粒子が塊状に凝集して沈降速度を増し，粒子濃度は低いため沈降堆積によるケーク形成が支配的となっている．また，ケークの充填率をみると過剰添加のパターン B と D で高くなっており，図 8.1 の結果と一致する．

　分散剤の最適添加量などを求めるための実験では，式 (8.10) の S_v と μ を一定

とみなしてよい．また粒子に関して次の物質収支式が成立するので，L は V に比例する．

$$\Phi L = \phi(V+L) \tag{8.11}$$

したがって，式(8.10)によらずとも，$\Delta t/\Delta V$ と V をプロットすることで同じような解析を行うことができる．

本評価法は，セラミックス製造現場にも適用されその有効性が報告されている[9]．

8.3 流動特性と充填特性

見かけ粘度の最も低いスラリーから最も密度の高い成形体が得られるといわれ[10]，スラリーの見かけ粘度を測定して粒子の充填特性を評価することが広く行われている．図8.22[11]は，20vol%の Mg 無添加アルミナスラリーの見かけ粘度と充填特性に及ぼす PAA 添加量の影響をみたものである．見かけ粘度測定時の剪断速度は $17\,\mathrm{s}^{-1}$ で，スラリー調製直後と調製7日後のデータを示してある．

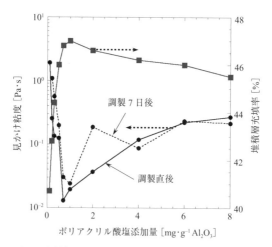

図 8.22 20vol% Mg 無添加アルミナスラリー見かけ粘度経時変化(at $17\,\mathrm{s}^{-1}$)と充填特性
[Ohtsuka, H., H. Mizutani, S. Ilo, K. Asai, T. Kiguchi, H. Satone, T. Mori and J. Tsubaki: *J. Eur. Ceram. Soc.*, **31**, 517–522(2012)]

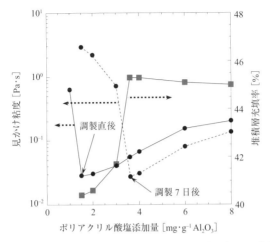

図 8.23 20vol% Mg 添加アルミナスラリー見かけ粘度経時変化(at 17 s^{-1})と充填特性
[Ohtsuka, H., H. Mizutani, S. Ilo, K. Asai, T. Kiguchi, T. Satone, T. Mori and J. Tsubaki: *J. Eur. Ceram. Soc.*, **31**, 517-522(2012)]

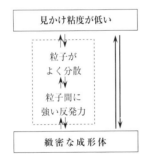

図 8.24 流動特性と充填特性

 図から明らかなとおり，見かけ粘度が最小になる PAA 添加量約 1.0 mg・g^{-1} Al$_2$O$_3$ で堆積層充填率は最大となり，流動特性と充填特性はよく対応している．
 一方，20vol%の Mg 添加アルミナスラリーにおいては，図 8.23[11] に示すように調製直後の見かけ粘度は PAA 添加量 1.5 mg・g^{-1}Al$_2$O$_3$ で最小となるのに，堆積層充填率は PAA 添加量約 3.6 mg・g^{-1}Al$_2$O$_3$ で最大になっており，流動特性と充填特性は全く対応していない．しかし，調製 7 日後に測定した見かけ粘度は堆積層充填率とよく対応しているので，流動特性と充填特性の対応関係は否定できないようである．

流動特性と充填特性はどのように関係づけられるのか，図 8.24 でみてみる．見かけ粘度が低いのは，6.1 節で述べたように，粒子がよく分散し構造体をつくらないからである．粒子がよく分散するのは，粒子間に強い反発力が働くためである．粒子間に強い反発力が働けば，図 1.1 に示したように粒子は密に充填されて緻密な成形体が得られる．それぞれの因果関係は必要十分な関係にあるので，見かけ粘度が最も低いスラリーから緻密な成形体が得られることになる．しかし図 6.19 に示したように，調製後に粒子の凝集が進み増粘するスラリーも少なくないので，大切なのは成形体形成時の見かけ粘度であって調製時の見かけ粘度ではないことに注意しなければならない．

図 8.22 で見かけ粘度測定に用いたスラリーの沈降静水圧曲線を図 8.25 に示す．Mg 無添加アルミナスラリーでは，見かけ粘度が最低となる添加量 $0.7\,\mathrm{mg \cdot g^{-1}}$ Al_2O_3 スラリーの静水圧低下速度は，図 8.25 にみるとおり 7 日間一定でしかもゆっくりとした低下速度である．つまり粒子は良分散状態を保ちながら沈降しているといえる．それに対して Mg 添加アルミナスラリーでは，調製直後の見かけ粘度が最低となる添加量 $1.5\,\mathrm{mg \cdot g^{-1}}$ Al_2O_3 スラリーの静水圧低下速度は，図 8.26 ではわかりにくいが，沈降開始 5 h 後に低下速度は著しく大きくなっている．つまり見かけ粘度を測定したスラリー調製後には，粒子間に反発力が働き粒子は良分散状態にあったが，5 h 後に凝集状態に移行したことを示している．図 8.26 で静水圧はほぼ 1 日で P_{min} に達しているので，1 日で全粒子は沈降し堆積層を形成していると考えられる．堆積層を形成している 1 日のうちの 5 h が分散状態で，残りの 19 h は凝集状態となっているので，得られる堆積層はかさ高くなるものと予想される．

図 8.24 に示した流動特性と充填特性の関係は，粒子が網状凝集から分散状態までの範囲で成り立つが，分散から塊状凝集するような範囲では，図 8.1 に示したように塊状凝集して見かけ粘度が少し高いスラリーから最も緻密な成形体が得られる．したがって，成形体密度を最大にするには，見かけ粘度を最小にする条件よりも余分に分散剤を添加しなければならない．

8.3 流動特性と充填特性　165

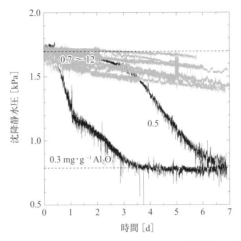

図 8.25 20vol% Mg 無添加アルミナスラリー沈降静水圧曲線

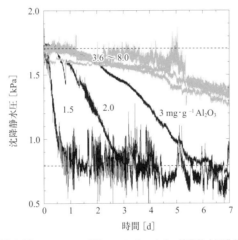

図 8.26 20vol% Mg 添加アルミナスラリー沈降静水圧曲線

引用文献

1) 木口崇彦,稲嶺育恵,佐藤根大士,森隆昌,椿淳一郎:"分散剤の添加量が粒子沈降挙動に及ぼす影響",粉体工学会誌,**47**,616-622(2010).
2) 椿淳一郎,久能聖史,稲嶺育恵,宮沢正徳:"液圧測定による高濃度スラリーの沈降堆積過程の解析",粉体工学会誌,**40**,432-437(2003).
3) 森隆昌,伊藤誠,杉本理充,森英利:"液圧測定によるスラリー評価—沈降挙動に及ぼすスラリー初期高さの影響",粉体工学会誌,**41**,522-528(2004).
4) Mori, T., K. Kuno, M. Ito, J. Tsubaki and T. Sakurai: "Slurry characterization by hydrostatic pressure measurement — analysis based on apparent weight flux ratio", *Adv. Powder Technol.*, **17**, 319-332(2006).
5) 椿淳一郎,鈴木道隆,神田良照:"入門 粒子・粉体工学",p.124,日刊工業新聞(2002).
6) 椿淳一郎,金孝政,森隆昌,杉本理充,森英利,佐々木徳康:"定圧ろ過を利用した新たなスラリー評価技術の開発",粉体工学会誌,**40**,438-443(2003).
7) Kim, H., T. Mori and J. Tsubaki: "Development of Slurry Characterization Method by Constant Pressure Filtration -Analysis of Cake Forming Behavior-", *J. Ceram. Soc. Jpn.*, **113**, 761-767(2005).
8) Mori, T., H. Kim, K. Ato and J. Tsubaki: "Measuring Packing Fraction Distribution in Cake Filtered under Constant Pressure and Quantitative Estimation from Measured Filtrate Volume", *J. Ceram. Soc. Jpn.*, **114**, 318-322(2006).
9) 山川博雄,阿藤賢次郎,坂本宙樹:"現場で役立つスラリー評価技術—定圧ろ過試験装置によるスラリー分散状態評価—",粉体技術,**3**,40-44(2011).
10) 椿淳一郎:"「神話」は本当か?—スラリーは千変万化—",粉体技術,**3**,25-29(2012).
11) Ohtsuka, H., H. Mizutani, S. IIo, K. Asai, T. Kiguchi, H. Satone, T. Mori and J. Tsubaki: "Effects of Sintering Additives on Dispersion Properties of Al_2O_3 Slurry Containing Polyacrylic Acid Dispersant", *J. Eur. Ceram. Soc.*, **31**, 517-522(2012).

第Ⅱ編　成形プロセス

　著者らは，1章に述べた問題意識をもって第Ⅰ編で紹介した独自のスラリー評価技術を開発してきた．また，開発したスラリー評価技術を使い独自の観点から成形プロセスの解析を行ってきた．第Ⅱ編では断片的にはなるが，著者らが手がけた成形プロセスの解析を紹介する．

9 スラリー調製

スラリー調製は 9.2 節で述べるように,図 9.1 に示す粒子状材料製造プロセスにおいて最も重要な工程である.本章においては,原料粉体をスラリー化するうえでの留意点などを 9.1 節で,スラリー調製によってスラリーに付与すべき条件を 9.2 節と 9.3 節において説明する.

9.1 スラリー化

原料粉体のスラリー化において最も重要なことは,3.1 節で述べた粒子と媒液の親和性である.粒子は媒液との親和性によって図 3.2 に示したように,親液粒子と疎液粒子に分けられ,疎液粒子はさらに親液性疎液粒子と疎液性疎液粒子に分けられる.

親液粒子の場合は粒子間に引力が働かないため,粉体に媒液を注いでも媒液に粉体を投入しても撹拌するだけで,容易にスラリー化できる.親液性疎液粒子はぬれやすいためスラリー化は困難ではないが,粒子間に引力が働き凝集しやすいため,媒液を撹拌しながら徐々に粉体を投入してスラリー化することが望ましい.

疎液性疎液粒子の場合はぬれ性が悪いため,粉体に媒液を注いでも粉体内部に

図 9.1(図 1.5 再掲) 粒子状材料製造プロセス

媒液は浸透せず，場合によっては5.1節で述べたように継粉（ままこ）になるので，スラリー化するときは必ず媒液に粉体を少しずつ投入しなければならない．表面張力により粒子が媒液表面に浮く場合は，界面活性剤などによりぬれやすくするか媒液を変えなければならない．また，継粉にならなくても粒子表面に付着している気泡は欠陥の原因となるし，目視できないぐらい小さい気泡でも4.2節で説明したように粒子凝集の原因となるので注意を要する．

9.2 均質化

粒子状材料製造プロセスの最も重要な特徴は，溶融工程がないことである．金属やガラス材料のように溶融工程がある場合は，溶融時の分子拡散により組成の均質化が図られるため，原料調製段階では組成比さえ正確に合わせておけば，混合状態が多少悪くても大きな問題にはならない．しかし，粒子状材料においては組成の均質化は粒子の機械的混合によらなければならず，スラリー調製で達成される組成の均質度がほぼそのまま製品の均質度となるため，組成の均質化は決定的に重要なことである．

また，組成の均質性とともに構造の均質性もきわめて重要である．図9.1に示すように，粒子状材料の製造プロセスには乾燥工程があり，そのあと焼成工程が続く場合が多い．成形体は乾燥や焼成操作によって収縮するが，どちらの収縮も

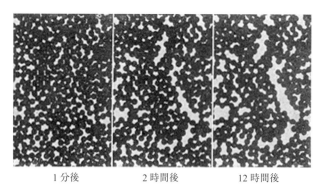

1分後　　　　2時間後　　　　12時間後
図 9.2　焼結による粒子密度の不均質化
［水谷惟恭，尾崎義治，木村敏夫，山口喬："セラミックサイエンスシリーズ8　セラミックプロセシング", p.135, 技報堂出版(1985)］

粒子接触点で起こる．乾燥の場合，収縮を起こす力は毛管引力で，毛管の数(粒子接触点数)と毛管径で決まるので，成形体の充填率が一様でないと亀裂を生じたり変形したりする．焼結時の収縮は粒子接触点での物質移動によって起こる．接触点数は成形体充填率に対応するため，充填率に分布があると，密な部分はより密に，疎な部分はより疎になって亀裂発生の原因となる．図9.2[1]は，平板上に並べた銅球を950℃で焼結したときの粒子集合状態の変化で，焼結によって充填密度差がより拡大されていく様子を表している．

図9.1に示すように，スラリー調製のあとに続くのは成形工程と乾燥・焼成工程であるので，これらの工程では調製の失敗は拡大増幅されることはあっても，帳消しにされることはない．したがって，スラリー調製が粒子状材料製造プロセスにおいて最も重要な工程となる．

均質化はより小さい単位で実現されることが望ましいので，原料粒子の解砕は

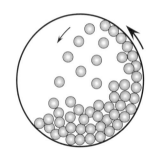

図 9.3　ボールミル

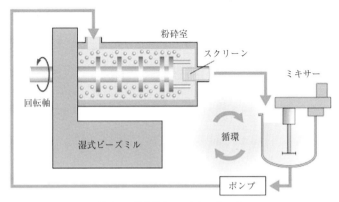

図 9.4　媒体撹拌ミル(ビーズミル)
［アシザワ・ファインテック㈱HP：www.ashizawa.com/guidance/01.html］

重要である．解砕操作には，図9.3に示すボールミルや図9.4に示す媒体撹拌ミル（ビーズミル）を用いることがほとんどである．ボールミルの場合，ボールの大きさは数mm～数cmで，ボールとボール，ボールと壁との衝突力によって凝集粒子は解砕される．一方，媒体撹拌ミルのビーズの大きさは数十μm～数mmで，凝集粒子はビーズによって磨り潰されるように解砕される．両者を比較すると，解砕力はボールミルが強く，解砕頻度は媒体撹拌ミルのほうがはるかに高い．したがって，一次粒子同士が接触点で軽く焼結している（ネッキング）ような硬い凝集体は，媒体撹拌ミルでは解砕されず残ってしまうことがある．媒体撹拌ミルではビーズを小さくすることにより，一次粒子単位での均質化に近づけられる．

解砕操作で問題になるのは，ボールやミル壁の摩耗や欠けによる異物混入である．原料粉体と同じ材料でミルもボールもつくれば，混入物は異物ではないので問題は解決されるが，それは限られた場合のみ可能なので，耐摩耗材質のミルとボールを使うかプラスチックコーティングされたボールを使うなど工夫が必要である．

図1.2に示したような多成分系では単に均質化だけではなく，希望する状態に組成も構造も制御しなければならないが，それらの制御もスラリー調製工程においてしかできないので，スラリー調製はより難しく重要になる．

9.3 スラリー特性の最適化

粒子状材料製造プロセスにおいて重要なスラリー特性は，流動特性と充填特性であることを1.4節で述べたが，その具体的内容は原料粉体，成形法などによって異なってくるので，6章，8章で説明した方法でスラリーを評価し，スラリー条件を最適化しなければならない．一般に，媒液は最終製品に含まれないので，できるだけ粒子濃度を高くスラリーを調製することが望ましい．

引用文献

1) 水谷惟恭, 尾崎義治, 木村敏夫, 山口喬："セラミックサイエンスシリーズ8 セラミックプロセシング", p.135, 技報堂出版(1985).

10 多成分スラリーの評価

　実際の工業プロセスでは，複数成分の粒子が入った多成分のスラリーも多く取り扱われているが，それぞれの成分間に相互作用が働くため，単成分スラリーの挙動を単純に足し合わせることで多成分スラリーの挙動を類推することはできない．したがって多成分スラリーの評価・解析においては，各成分間に働く相互作用の把握が重要になるが，この相互作用には成分組成，大きさ，密度，量，媒液との親和性などさまざまな因子が関係してくるので，多成分スラリーの一般的評価・解析手法は存在せず，スラリーごとに試行錯誤的に評価せざるを得ない．
　著者らは，リチウムイオン電池正極材料スラリーの評価を試み，スラリー内の粒子集合状態をある程度類推することができたので以下に紹介する．評価したリチウムイオン電池正極材料スラリーは2成分スラリーで，その特徴の一つは，成分粒子の粒子径比が3桁近く違うことである．したがって，ここで紹介する評価手法は，粒子径比が極端に違う2成分スラリーの評価にもお役に立てると思われる．
　リチウムイオン電池正極材料スラリーは，活物質であるコバルト酸リチウム（$LiCoO_2$）と導電助剤であるアセチレンブラック（AcB）を混合した2成分系スラリーである．それぞれの粒子径は $LiCoO_2$ が 10 μm 程度，AcB が数十 nm と粒子径に3桁近い違いがあるこのケースでは，図10.1に示したような多様な粒子集合状態をとり得る[1]．このようなケースでは，活物質と導電助剤の混合スラリー（$LiCoO_2$/AcB スラリー）の評価のみではなく，活物質単独あるいは導電助剤単独のスラリーをあわせて評価することによって，粒子集合状態のかなりの部分を推定し，最適スラリー設計に役立てることができる．またスラリー評価手法についても，いくつかを組み合わせることによって，粒子集合状態をより的確に推定す

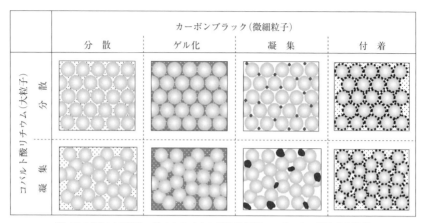

図 10.1(図 1.2 再掲) リチウムイオン電池正極用スラリー中の粒子存在状態
[田中達也, 浅井一輝, 森隆昌, 椿淳一郎:粉体工学会誌, **48**, 761-767(2011)]

ることができる．以下では，活物質と導電助剤の混合スラリー，活物質単独，導電助剤単独のスラリーについて，流動特性評価および充填特性評価を行い，最終的な電極微構造形成に粒子集合状態がどのように関連しているのか[1]を説明する．

スラリー調製： LiCoO$_2$/AcB スラリーは以下のように調製した．まず，活物質である LiCoO$_2$（平均粒子径 10 μm，密度 4.2 g·cm^{-3}）と AcB（平均粒子径 50 nm，密度 1.9 g·cm^{-3}）を n-メチル-2-ピロリドン（NMP）中に分散させた．No.1～5 の5種類の高分子バインダーを添加し，LiCoO$_2$ と AcB の粒子濃度が最終的に 47.6,2.1vol% となるようにした．高分子の添加量は固形分換算で 12 mg·g^{-1} particles とした．LiCoO$_2$ のみのスラリーおよび AcB のみのスラリーは，LiCoO$_2$/AcB スラリーと同様の方法で AcB，LiCoO$_2$ だけをそれぞれ調製した．

流動特性評価： 流動特性は，共軸二重円筒形回転粘度計を用いて，剪断速度を変化させたときの剪断応力を測定して評価した．図 10.2～4 に AcB，LiCoO$_2$，LiCoO$_2$/AcB スラリーの流動曲線を示した．これらの図を比較すると，LiCoO$_2$/AcB スラリーの流動挙動は，AcB 粒子によって支配されていることがわかる．図 10.2，10.3 から，No.1，2，3 ポリマーの場合はいずれも剪断応力に降伏値があるので，これらのスラリーにおいて AcB 粒子はゲル化していることがわかる．LiCoO$_2$/AcB スラリーになると AcB スラリーでみられたチクソトロピー性がよ

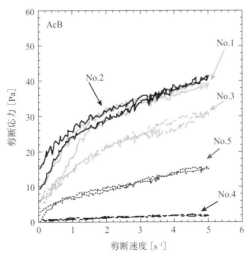

図 10.2 AcB スラリーの流動曲線
[田中達也,浅井一輝,森隆昌,椿淳一郎:粉体工学会誌,**48**,761-767(2011)]

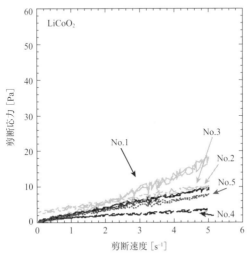

図 10.3 $LiCoO_2$ スラリーの流動曲線
[田中達也,浅井一輝,森隆昌,椿淳一郎:粉体工学会誌,**48**,761-767(2011)]

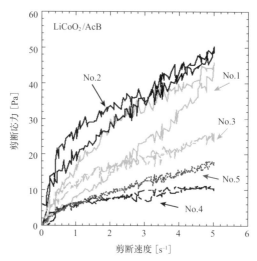

図 10.4 LiCoO$_2$/AcB スラリーの流動曲線
[田中達也,浅井一輝,森隆昌,椿淳一郎:粉体工学会誌,**48**,761-767(2011)]

り顕著に表れている.No.1 ポリマーのチクソトロピー性が No.2,3 ポリマーに比べて大きいことから,No.1 ポリマーを添加したスラリーにおいては,剪断によって破壊されたゲル構造の回復が遅いことがわかる.

充填特性評価: LiCoO$_2$ および LiCoO$_2$/AcB スラリーは,初期高さが 100 mm となるように試験管に入れ,沈降静水圧式スラリー評価装置を用いて,スラリー底部から 20 mm の位置における静水圧の経時変化を測定して評価した.

AcB スラリーについては,調製したスラリーを,内径 18 mm,長さ 100 mm のポリプロピレン製遠心試験管に初期高さ 80 mm になるように入れ,遠心器に掛け回転数 2000 rpm で遠心沈降させ,堆積層高さの経時変化を測定した.上澄み中の粒子が沈降しきらず堆積層界面の観察が困難なときは,試験管を傾けて堆積層高さを測定して評価した.

LiCoO$_2$ スラリーの沈降静水圧の経時変化を,図 10.5 に示す.図から明らかなとおり LiCoO$_2$ スラリーでは,No.5 ポリマーで調製したスラリーが最も粒子が分散し安定している.他のポリマーでは静水圧の低下速度が途中で大きくなることから,沈降途中で粒子が凝集していることがわかる.粒子の分散・凝集状態が同じであれば,沈降静水圧が P_{min} まで低下する時間は粘度に逆比例する.表 10.1

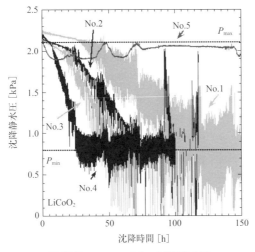

図 10.5 LiCoO$_2$スラリーの沈降静水圧
[田中達也, 浅井一輝, 森隆昌, 椿淳一郎:粉体工学会誌, **48**, 761-767(2011)]

表 10.1 ポリマー溶液の粘度と沈降速度への影響

ポリマー	見かけ粘度 [mPa·s]	P_{min}に達する時間* [h]
No.1	80	90
No.2	140	160
No.3	120	140
No.4	26	30
No.5	110	120

* No.4を基準として算出した計算値
[田中達也, 浅井一輝, 森隆昌, 椿淳一郎:粉体工学会誌, **48**, 761-767(2011)]

に使用したポリマー溶液の見かけ粘度と沈降速度への影響を示す．沈降速度への影響については粘度が最も低かった No.4 ポリマーを基準にし，同じ分散・凝集状態であるとして P_{min} まで低下する時間を計算し比較した．No.3 ポリマーは 140 h，No.2 は 160 h，No.1 は 90 h，No.5 は 120 h 程度で P_{min} まで低下することになる．この計算結果と図 10.5 の測定結果を比較すると，No.2, 3 ポリマーでは No.4 ポリマーを用いた場合より LiCoO$_2$ 粒子はより凝集した状態にあり，

No.1, 5 ポリマーではより分散した状態にあることがわかる．特に，No.5 ポリマーではほぼ一次粒子の状態で分散していると判断できる．

　AcB スラリーの遠心沈降過程における，濃縮層もしくは堆積層の高さの経時変化を図 10.6 に示す．仮に AcB が一次粒子(50 nm)まで分散しているとすると，式(7.2)，式(7.16)から沈降距離は 100 h でおよそ 13 mm 程度となる．したがって，すべての場合において沈降速度はこの値よりも速く，粒子は何らかの凝集構造をとっている．まず，ポリマー無添加および No.4, 5 ポリマーの場合は，10 h 以内にすべての粒子が沈降堆積しているので，ほとんどの粒子が塊状の凝集体となり沈降している．一方 No.1～3 ポリマーでは，沈降速度が遅く，沈降曲線が緩やかな曲線を描いていることから，沈降初期にスラリーがゲル化し，そのゲルが自重で圧縮されていると判断できる．No.1～3 ポリマーでの AcB のゲル化は，先述した流動曲線の測定に降伏値がみられたこととも一致している．

　$LiCoO_2$/AcB スラリーの沈降静水圧の経時変化を図 10.7 に示す．$LiCoO_2$ スラリーに AcB 粒子を添加することにより，No.2, 3 ポリマーで調製したスラリーも No.5 ポリマー同様に安定したスラリーとなることがわかる．No.1 ポリマーの場合でも，調製後 30 h 以内であれば十分安定したスラリーとして扱うことが

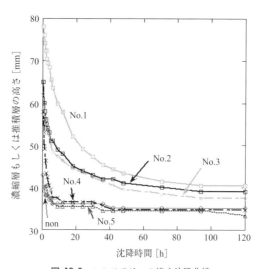

図 10.6 AcB スラリーの遠心沈降曲線
[田中達也，浅井一輝，森隆昌，椿淳一郎：粉体工学会誌，**48**，761-767(2011)]

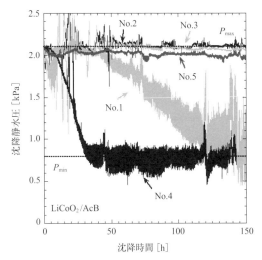

図 10.7 LiCoO$_2$/AcB スラリーの沈降静水圧
[田中達也,浅井一輝,森隆昌,椿淳一郎:粉体工学会誌,**48**,761-767(2011)]

できる．これらのスラリーのように，LiCoO$_2$粒子の安定性がAcB粒子によって改善されるのは，AcB粒子のゲル化が関与している．No.1〜3ポリマーの場合は，いずれもAcB粒子がゲル化している．さらにNo.2, 3ポリマーにより形成されたAcB粒子のゲルは，図10.4で説明したように，破壊されたゲル構造の回復が速い．したがって，No.2, 3ポリマーの場合は，AcB粒子のゲルを壊しながらLiCoO$_2$粒子が沈降するが，ゲル構造がすぐに回復するため，あたかも高粘性流体中をLiCoO$_2$粒子が沈降しているかのように振る舞い，分散・安定性がよくなっているのである．これに対してNo.1ポリマーでは，ゲルの構造回復が遅いため，沈降初期にはゲルによってLiCoO$_2$粒子の沈降が抑制され安定しているが，いったんゲルが壊れてしまうとLiCoO$_2$粒子の沈降を抑制することはできず，LiCoO$_2$粒子が沈降に伴い衝突し凝集が進行することになる．

粒子集合状態の推測： 以上から，それぞれのポリマーで調製されたスラリー中の粒子集合状態は図10.8のように推測される．LiCoO$_2$粒子をより密に充填し電池容量を上げるためには，図10.5のLiCoO$_2$スラリーの充填性評価から，No.1, 5ポリマーが適しているとわかる．しかしNo.5ポリマーは，図10.6のAcBスラリーの充填性評価から，AcB粒子が凝集粒子となっていることがわか

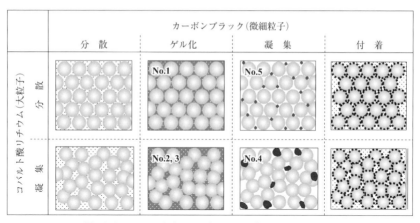

図 10.8 スラリー評価から予想される 2 成分の粒子集合状態
[田中達也,浅井一輝,森隆昌,椿淳一郎:粉体工学会誌,**48**,761-767(2011)]

るので,伝導パスを有効に形成できない.したがって,検討したポリマーの中では,$LiCoO_2$ 粒子の分散・安定性がある程度よく,AcB 粒子がゲル構造を形成する No.1 ポリマーが最も適切な粒子集合状態を形成することができる.ただし,図 10.7 の静水圧測定結果が示すように,スラリー調製後 30 h ぐらいから凝集が始まるので,それまでに成形を終了しなければならない.No.2,3 ポリマーは AcB 粒子がネットワーク構造を形成しており,$LiCoO_2$ の分散性についても,No.1 ポリマーにこそ劣るが 150 h 以上安定であることから,扱いやすいスラリーであると判断できる.No.4 ポリマーを用いたときは,$LiCoO_2$ 粒子,AcB 粒子ともに凝集体を形成しており,図 10.8 のように不均一な充填構造を形成するため望ましい粒子集合状態であるとはいえない.このように,$LiCoO_2$ スラリー,AcB スラリーの評価から,$LiCoO_2$ 粒子,AcB 粒子それぞれの集合状態を評価するとともに,$LiCoO_2$/AcB スラリーの評価から両者の相互作用を判断することで,電極にしたときの粒子充填構造を推定することが可能となる.

引用文献

1) 田中達也,浅井一輝,森隆昌,椿淳一郎:"リチウムイオン電池正極材料スラリー中の粒子集合状態評価",粉体工学会誌,**48**,761-767(2011).

11 噴霧乾燥造粒

　噴霧乾燥造粒は，ファインセラミックスのプレス成形プロセスにおいて重要な原料調製操作である．噴霧乾燥造粒された顆粒の特性は，製品品質に決定的な影響を及ぼす．そのため，最適顆粒を得るためには乾燥造粒機構を知り，顆粒を正しく評価することが大切である．本章では，11.1 節で顆粒の形態制御について，11.2 節では顆粒の特性評価について説明する．

11.1　顆粒の形態制御

　噴霧乾燥造粒機(スプレードライヤー)によって造粒された顆粒はスラリー条件によって，図 11.1 に示すように中実球形顆粒から陥没顆粒までさまざまな形態をとり，この顆粒形態が最終製品の品質に大きな影響を及ぼす．著者らは粒子濃度 20～40vol% の Mg 添加アルミナスラリーの pH を系統的に変え，スラリーの見かけ粘度，スラリー中の凝集粒子径分布，顆粒径分布，水銀ポロシメータによる顆粒充填率を測定し，噴霧乾燥顆粒の形成機構について図 11.2 に示すモデルを提案した[1]．

　図 11.2 に示すように，熱風中に噴霧されたスラリー滴表面から水分が蒸発するが，粒子が充填されやすいスラリーでは，蒸発に伴い滴表層部の粒子濃度(充填率)が増大し固い殻を形成する．水は殻を通して蒸発するため内部は減圧状態になり，あるところで陥没する．それに対して，粒子が充填されにくい場合は，滴表層部の粒子充填率は増大せず，乾燥界面は顆粒内部に移動するので中実な顆粒となる．この顆粒形成機構が，正しければ粒子充填性のよいスラリーからは陥没顆粒が得られ，充填性の悪いスラリーからは中実球形顆粒が得られることにな

182　11　噴霧乾燥造粒

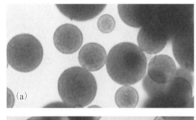

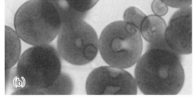

図 11.1　噴霧乾燥顆粒形態
　　　(a)　中実球形顆粒，(b)　陥没顆粒
[Tsubaki, J., H. Yamakawa, T. Mori and H. Mori:
J. Ceram. Soc. Jpn., **110**, 894-898(2002)]

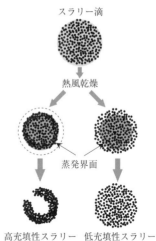

高充填性スラリー　低充填性スラリー
図 11.2　噴霧乾燥顆粒形成機構
[椿淳一郎，廣瀬達也，塩田耕一郎，内海良治，
森英利：J. Ceram. Soc. Jpn., **106**, 1210-1214(1998)]

るので，後に同じ Mg 添加アルミナを用いて図 11.3 に示すスラリーの遠心圧密試験を行い，充填性と顆粒形態との関係をみてみた[2]．スラリー調製はポリカルボン酸アンモニウム(PCA)の添加と pH によって行った．図 11.3 で，PCA で調製した後ポリビニルアルコール(PVA)を添加したスラリーを G-1，PVA とポリアクリル酸塩を添加したものを G-2，ポリアクリル酸塩とポリエチレングリコールを添加したものを G-3 とし，pH 4.0 と 6.0 に調製したスラリーをそれぞれ G-P4，G-P6 とした．これらのスラリーを沈降管に入れて遠心器にかけ，回転数（遠心力）を上げながら堆積層充填率を測定したのが図 11.3 である．これらのスラリーを噴霧乾燥造粒しその顆粒形態を観察したところ，粒子充填性のよい G-1，G-2，G-P4 から陥没顆粒が得られ，充填性の悪い G-3，G-P6 からは中実球形顆粒が得られたことから，図 11.2 に示すモデルはより直接的に確認された．

　図 11.2 に示す形成機構から，陥没顆粒の顆粒密度は常に高く，中実球形顆粒では常に低いと考えられるが，図 11.4 に示すように水銀ポロシメータによる測定結果はその推測を裏づけている[1]．また高分子添加物も乾燥界面で濃縮されるため，乾燥界面が常に滴表層部にある陥没顆粒では表面に高分子添加物が偏析し，

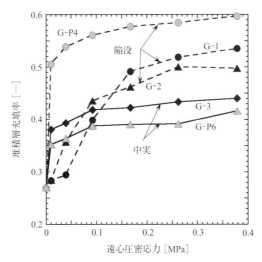

図 11.3 スラリー充填特性と顆粒形態
(G-1, G-2, G-3：高分子分散＋バインダー添加, G-P4, G-P6：pH 調整)
[Tsubaki, J., H. Yamakawa, T. Mori and H. Mori: *J. Ceram. Soc. Jpn*, **110**, 894-898(2002)]

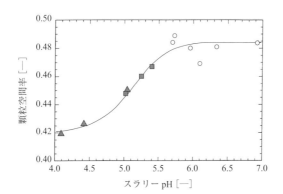

図 11.4 顆粒形態と顆粒空間率
(○：中実球形, ■：中間形態, ▲：陥没)
[椿淳一郎, 廣瀬達也, 塩田耕一郎, 内海良治, 森英利：
J. Ceram. Soc. Jpn., **106**, 1210-1214(1998)]

滑らかで艶を帯びた表面となる．それに対して中実球形顆粒では，乾燥界面が内部に移動していくために高分子添加物の偏析は少なく，艶のない表面となる．

11.2 顆粒の特性評価

11.2.1 圧縮・緩和試験

　顆粒はプレス成形によって成形体となるため，均質・緻密な成形体になる顆粒が理想である．なぜなら，均質・緻密な成形体から，高強度の製品(焼結体)ができるからである[3]．

　均質・緻密な成形体とは，内部に粒子の充填密度ムラがない成形体のことである．一般には充填密度ムラがない成形体を作成するためには，顆粒はプレス時に潰れやすいことが重要であるとされ，顆粒の破壊強度が重要な指標とされてきた．顆粒強度は，顆粒充填層の圧縮試験もしくは顆粒1個の圧縮試験から評価されている．しかし，顆粒1個の圧縮試験では，図11.5に示すように，内部に凹みのある顆粒を評価するとき，顆粒をどの方向から圧縮するかによって試験結果が大きく異なり問題となる．顆粒充填層の圧縮試験では，図11.6のように，材料試験機を使用して，顆粒を充填した型をピストンで圧縮する．図11.7に示すような応力-充填率の関係が得られ，図の変曲点の応力を顆粒強度として用いている[3]．しかし，後述するように，顆粒強度では成形体の均質性を予測できない．

　成形体の均質性は，図11.8[2]に示すように，顆粒の変形挙動の違いに大きく影響される．顆粒の変形挙動は，塑性変形と粘・弾性変形の二つに大別される．顆粒が塑性体であるとすると，顆粒には降伏値が存在し，降伏値を超える応力が作

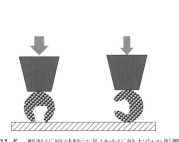

図 11.5　顆粒圧縮試験に及ぼす圧縮方向の影響

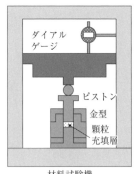

図 11.6　圧縮・緩和試験装置の概要

11.2 顆粒の特性評価　185

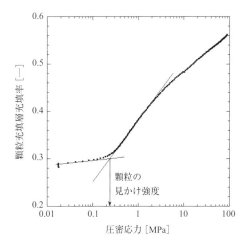

図 11.7 顆粒充填層の圧密試験結果の一例(サンプル：G3)

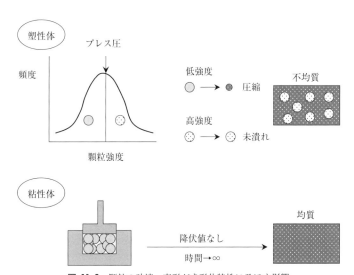

図 11.8 顆粒の破壊・変形が成形体特性に及ぼす影響
[Tsubaki, J., H. Yamakawa, T. Mori and H. Mori: *J. Ceram. Soc. Jpn.*, **110**, 894-898(2002)]

用したときにのみ，顆粒は変形する．一方，顆粒が粘性体であるとすると，顆粒は降伏値をもたないため，応力が作用すれば必ず変形する．したがって，顆粒が塑性体である場合は，図のように顆粒強度，すなわち降伏値に分布があり，成形圧よりも降伏値が低い顆粒のみ変形し，降伏値が高い顆粒は潰れ残る．その結果，密度ムラのある不均一な成形体となる．これに対して，顆粒が粘性体である場合は，降伏値がないため，すべての顆粒が変形し，均質な成形体となる．

したがって，顆粒の変形機構の違いを評価することが重要であるが，従来の顆粒充填層の圧縮試験では評価することができない．なぜなら圧縮過程では，塑性体も粘性体も同じように圧力が上昇するため，違いを識別できないからである．そこで著者らは顆粒充填層の圧縮・緩和試験によって，顆粒の変形機構の違いを評価することを提案した[2,4~8]．顆粒充填層の圧縮・緩和試験とは，圧縮試験と同様に図11.6の装置を使用し，顆粒充填層を圧縮した後，ピストンを停止させる試験で，その間の一連の圧力変化を測定するものである．顆粒の変形が顕著に起こる応力に達するまで圧縮し，ピストンを停止させることが望ましいが，通常その応力は予測できないため，適当な変位幅を決め，変位速度一定で圧縮，ピストン停止という操作を繰り返し行う．

図11.9に繰返しの圧縮，ピストン停止操作で得られる応力の経時変化(1サイクル分)を模式的に示す．ピストン停止後には，以下の要因によって，充填層に

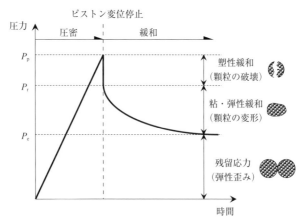

図11.9 1サイクルの圧密・応力緩和試験で得られる圧力の変化
[Tsubaki, J., H. Yamakawa, T. Mori and H. Mori: *J. Ceram. Soc. Jpn.*, **110**, 894-898(2002)]

かかる応力が減少(応力緩和)する．まず，顆粒が塑性変形した場合は，摩擦により応力が発生しているため，ピストン変位を停止するとその応力が瞬時になくなり，応力が低下する(塑性緩和)．顆粒が粘・弾性変形した場合は，ピストン停止後も顆粒接触点で微小な変形が続くため，顆粒充填層にかかる応力が徐々に減少する(粘・弾性緩和)．顆粒が弾性変形した場合は，ピストン停止後もその歪みが保持されるため，時間が経過しても応力が残留する．したがって，ピストン停止後の応力緩和挙動から，顆粒が塑性変形するのか粘・弾性変形するのかを識別でき，成形体の均質性を予測できる．

図11.3で用いたスラリーを噴霧乾燥して得られた顆粒を用いて，圧縮・緩和試験を行った．図11.10に塑性緩和の割合を示した．横軸は圧縮時の顆粒充填層の充填率を，縦軸は印加した応力に対する塑性緩和の割合を示している．同様に，図11.11には，粘・弾性緩和の割合を示した．まず図11.10に示した塑性緩和で，バインダーを添加したG-1～G-3では観察されず，G-P4，G-P6にのみ観察された．一方，図11.11に示した粘・弾性緩和は，バインダーを添加したG-1～G-3で顕著に観察された．したがって，バインダーを含まないG-P4，G-P6は塑性変形，バインダーを含むG-1～G-3は粘・弾性変形する顆粒であると判断できる．実際に充填率が0.4程度の顆粒充填層を取り出し，内部を観察した結果を図

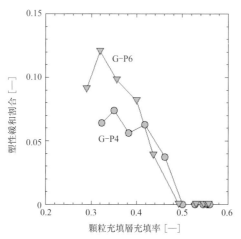

図11.10 全応力緩和量に占める塑性緩和の割合

[Tsubaki, J., H. Yamakawa, T. Mori and H. Mori: *J. Ceram. Soc. Jpn.*, **110**, 894-898(2002)]

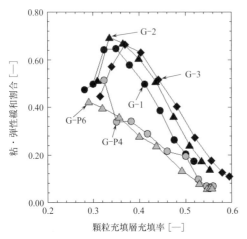
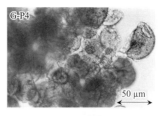
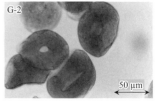

図 11.11 全応力緩和量に占める粘・弾性緩和の割合
［Tsubaki, J., H. Yamakawa, T. Mori and H. Mori: *J. Ceram. Soc. Jpn.*, **110**, 894-898(2002)］

図 11.12 顆粒の破壊・変形の様子
［Tsubaki, J., H. Yamakawa, T. Mori and H. Mori: *J. Ceram. Soc. Jpn.*, **110**, 894-898(2002)］

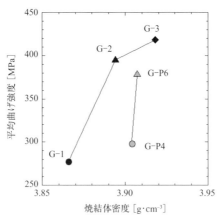

図 11.13 焼結体密度と曲げ強度の関係
［Tsubaki, J., H. Yamakawa, T. Mori and H. Mori: *J. Ceram. Soc. Jpn.*, **110**, 894-898(2002)］

11.12 に示すが，塑性緩和が観察された顆粒は脆性的に破壊し，粘・弾性緩和が顕著にみられた顆粒は，もとの形態を保ちつつ変形していることがわかる．

図 11.13 には 5 種類の顆粒から作製した焼結体の密度と強度の関係を示した．粘性変形する G-2，G-3 から強度の高い焼結体が得られ，塑性変形する G-P4 から作成した焼結体の強度は低いことがわかる．これは，図 11.8 で予測したように，粘・弾性変形する顆粒のほうが，塑性変形する顆粒よりも成形体が均質になるためである．一方で塑性変形する顆粒であっても G-P6 のように焼結体強度がある程度高い場合がある．これは顆粒密度と成形体密度の関係から説明できる．図 11.14 には，横軸に顆粒の密度，縦軸に成形体の密度をとったものを示す．図中の直線は顆粒の密度と成形体の密度が等しい場合を示している．G-P6 は顆粒密度が低く，成形体と顆粒の密度差が大きいことがわかる．塑性変形する顆粒において，成形体と顆粒の密度差が小さい場合は，顆粒充填層がそれほど圧密されなくても，成形体密度に達することを意味する．すなわち，成形体内部には未潰れの顆粒が存在することになり，不均質な構造となるため強度が低い焼結体になる．一方で，成形体と顆粒の密度差が大きい場合は，顆粒が十分に圧密されていることを意味する．したがって，顆粒と成形体の密度差が大きい G-P6 は塑性体ではあるが潰れ残りが少なく，粘性変形する顆粒 G-2，G-3 に続く高い焼結体強度となる．

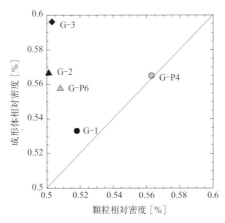

図 11.14 顆粒密度と成形体密度の関係
［森隆昌，椿淳一郎：粉体技術，**3**，30-34(2011)］

11 噴霧乾燥造粒

表 11.1 顆粒充填層の圧縮試験から求めた顆粒強度

サンプル名	顆粒強度[MPa]
G-1	1.20
G-2	0.80
G-3	0.46
G-P4	0.11
G-P6	0.08

一方で，前述の顆粒充填層の圧縮試験から求めた顆粒強度を表 11.1 に示す．この結果ではバインダーを含まない顆粒 G-P4，G-P6 のほうが，バインダーを含む顆粒 G-1〜G-3 よりも強度が低く，プレス成形に適しているように思われるが，実際はバインダーを含む G-2，G-3 のほうが，焼結体強度が高い．以上のことから，顆粒の強度ではなく変形機構を評価することが重要であるといえる．

11.2.2 摩損(アトリッション)試験

理想的には，顆粒は成形時に痕跡も残さずに一次粒子に戻ることが要求される．

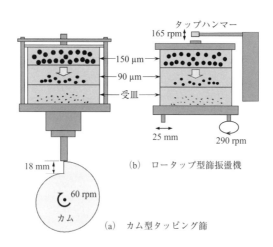

図 11.15 顆粒摩損試験機(図中の数値は実施例)

[Utsumi, R., T. Hirano, H. Mori J. Tsubaki and T. Maeda: *Powder Technol.*, **122**, 199-204(2002);
Utsumi, R., T. Hata, T. Hirano, H. Mori and J. Tsubaki: *Powder Technol.*, **119**, 128-133(2001)]

したがって一般に顆粒強度は低く，輸送や貯槽などの取扱い時に衝撃や摩擦によって破壊(摩損)されることも少なくない．著者らは，図11.15[9,10]に示すような篩を用いた顆粒の摩損試験機を提案した．鋼板酸洗廃液から噴霧熱分解によって得られた酸化鉄顆粒(図11.16)を試験試料として，摩損量の経時変化を測定し次の速度式を得た．

$$m_0 - m = (k_1 + k_2 m_0)t \tag{11.1}$$

図 11.16 鋼板酸洗廃液から噴霧熱分解によって得られた酸化鉄顆粒
[Utsumi, R., T. Hata, T. Hirano, H. Mori and J. Tsubaki, *Powder Technol.*, **119**, 128-133(2001)]

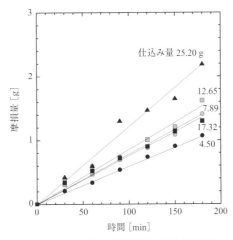

図 11.17 顆粒摩損経時変化(図中実線は計算値)
[Utsumi, R., T. Hirano, H. Mori, J. Tsubaki and T. Maeda: *Powder Technol.*, **122**, 199-204(2002)]

ここで，m_0 [kg]は仕込み量，m [kg]は篩上残留量，t [s]試験時間，k_1 [kg·s^{-1}]とk_2 [s^{-1}]は摩損速度定数で，k_1 とk_2によって顆粒の摩損特性を評価することができる．図11.17はロータップ型篩振盪機による試験結果である．ロータップ型篩振盪機では篩網面での摩擦とタップハンマーによる衝撃が作用するので，より総合的に摩損特性を評価できるだけでなく，汎用装置をそのまま試験機として用いることができるので便利である．

引用文献

1) 椿淳一郎，廣瀬達也，塩田耕一郎，内海良治，森英利："噴霧乾燥顆粒の構造形成過程に及ぼすスラリー特性の影響"，*J. Ceram. Soc. Jpn.*，**106**，1210-1214 (1998).
2) Tsubaki, J., H. Yamakawa, T. Mori and H. Mori: "Optimization of Granules and Slurries for Press Forming", *J. Ceram. Soc. Jpn.*, **110**, 894-898(2002).
3) Reed, J. S., "PRINCIPLES OF Ceramics Processing 2nd ed.", pp. 418-433 Wiley(1995).
4) 椿淳一郎，森隆昌，小西利幸，鶴田明久，森英利，横山豊和，松原定信："圧密・緩和法による噴霧乾燥顆粒の力学特性評価―圧密領域の解析―"，*J. Ceram. Soc. Jpn.*，**107**，1093-1098(1999).
5) Mori, T., H. Mori and J. Tsubaki: "Optimization of Experimental Conditions for the Compression and Stress Relaxation Test of Spray-Dried Granules", *J. Ceram. Soc. Jpn.*, **110**, 155-158(2002).
6) 椿淳一郎，森隆昌，小西利幸，鶴田明久，森英利，横山豊和，松原定信："圧密・緩和法による噴霧乾燥顆粒の力学特性評価―緩和領域の解析―"，*J. Ceram. Soc. Jpn.*，**107**，1183-1187(1999).
7) 椿淳一郎："セラミックス工業における化学工学の役割―成形工程のノウハウを解き明かす―"，ケミカルエンジニヤリング，**48**，34-38(2003).
8) 森隆昌，椿淳一郎："噴霧乾燥から乾式プレスまで 最適な顆粒とは何か？"，粉体技術，**3**，30-34(2011).
9) Utsumi, R., T. Hata, T. Hirano, H. Mori and J. Tsubaki: "Attrition Testing of Granules with a Tapping Sieve", *Powder Technol.*, **119**, 128-133(2001).
10) Utsumi, R., T. Hirano, H. Mori, J. Tsubaki and T. Maeda: "An attrition Test with a Sieve Shaker for Evaluating Granule Strength", *Powder Technol.*, **122**, 199-204(2002).

12 シート成形

　湿式成形により作製された成形体は，その後の乾燥，熱処理という工程を経て製品となる．例えばセラミックスシート成形においては，乾燥時に成形体にしばしばそりや変形，亀裂が生じるなど，乾燥欠陥が生成して問題となっている．近年は環境への配慮から，有機溶媒を用いたスラリーから水系スラリーへの転換が望まれており，水系スラリーを用いるプロセスが研究されているが，水系スラリーのほうが乾燥時に亀裂が生じやすく，乾燥欠陥の抑制は重要な技術課題となる[1~4]．

　成形体乾燥時の亀裂発生に関しては，それほど多くはないがいくつかの研究報告[5,6]があり，それらはほとんどが成形体の充填率に着目している．すなわち，充填率が高い成形体では，粒子間隙が狭く，乾燥時に作用する毛管吸引力が大きくなるため亀裂を生じやすいと考えているのである．しかし，実際の産業現場ではスラリー条件によって，シートの密度はさほど変わらないが，ある条件のスラリーだけ割れが生じるというケースが問題となっている．

　そこで著者らは，亀裂発生の要因として，成形後のシートに内部応力が作用したときに，その応力をいかに早く分散できるか(亀裂発生に至る前に緩和できるか)という成形体の応力緩和速度に着目することにした[7]．すなわち，応力緩和速度が大きい成形体のほうが乾燥時に亀裂を生じにくいという考え方である．

　成形体の応力緩和速度の評価は，図 12.1 の装置で行った[7,8]．図 12.2 のように，スラリーを沪過器に入れ，ピストンを降下させ沪過し，形成したケーク(湿った成形体に相当する)をさらに圧縮(圧搾)する．その後ピストンの下降を止め，沪液が出てこないように出口を閉じ，ケークの歪みを一定に保ちながら，その間の応力の経時変化を測定した．

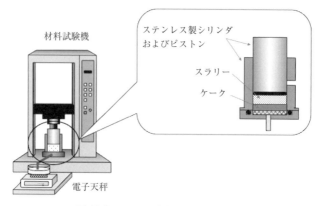

図 12.1 ケークの応力緩和試験装置概要

[Mori, T., T. Yamada, T. Tanaka, A. Katagiri and J. Tsubaki: *J. Ceram. Soc. Jpn.*, **114**, 823-828(2006)；森隆昌：粉体工学会誌，**46**，269-274(2009)]

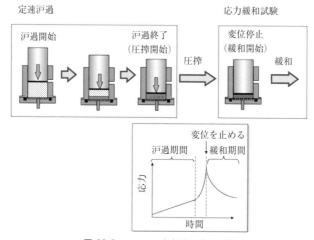

図 12.2 ケークの応力緩和試験概要

[Mori, T., T. Yamada, T. Tanaka, A. Katagiri and J. Tsubaki: *J. Ceram. Soc. Jpn.*, **114**, 823-828(2006)；森隆昌：粉体工学会誌，**46**，269-274(2009)]

図 12.3 に応力緩和試験結果の一例を示す．この図は，pH を変えて調製した Mg 添加アルミナスラリー，および可塑剤(ポリビニルアルコール，PVA)とバインダー(ポリエチレングリコール，PEG)の添加量を変えて調製した Mg 添加アルミナスラリーの結果である．応力緩和後の応力の最終値および応力が最終値に到

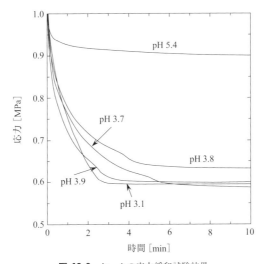

図 12.3 ケークの応力緩和試験結果

[Mori, T., T. Yamada, T. Tanaka, A. Katagiri and J. Tsubaki: *J. Ceram. Soc. Jpn.*, **114**, 823-828(2006)；森隆昌：粉体工学会誌，**46**，269-274(2009)]

達するまでの時間が各サンプルで異なっていることがわかる．そこで，図 12.4 に基づき応力緩和速度を以下のように定義して評価に用いた．

$$応力緩和速度 [\text{Pa·s}^{-1}] = \frac{応力初期値 [\text{Pa}] - 応力最終値 [\text{Pa}]}{応力が最終値に達するまでの時間 [\text{s}]}$$

成形体に生じた亀裂の発生程度の評価は亀裂交差数により行った．亀裂交差数は図 12.5 に示すように，成形体の写真を一定間隔の格子で区切った場合に生じる亀裂と格子線との交点の数を単位格子線長さあたりにしたものである．亀裂が多く発生した，あるいは大きな亀裂が発生した場合にはこの亀裂交差数が大きな値となる．

応力緩和速度と亀裂交差数の関係を図 12.6 に示す．pH を変化させたスラリーであっても，添加剤を含むスラリーであっても，応力緩和速度が大きくなるにつれて亀裂の数は減少していき，ある程度以上の応力緩和速度からは亀裂のない成形体が得られることを示している．また，亀裂交差数と沪過ケーク充填率の間に相関関係はみられないが，図 12.7 に示すようにスラリー見かけ粘度とはある程度の相関がある．見かけ粘度は剪断速度 7.3 s^{-1} での値で，見かけ粘度が大きく

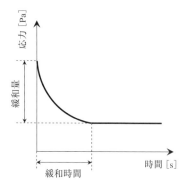

図 12.4 応力緩和速度の定義
[Mori, T., T. Yamada, T. Tanaka, A. Katagiri and J. Tsubaki: *J. Ceram. Soc. Jpn.*, **114**, 823-828(2006)；森隆昌：粉体工学会誌, **46**, 269-274(2009)]

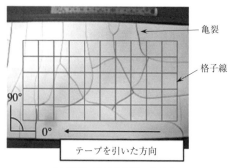

図 12.5 亀裂交差数の求め方

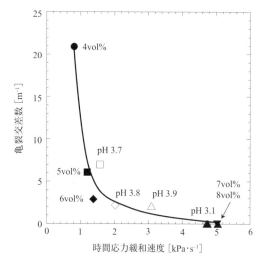

図 12.6 ケークの応力緩和速度と亀裂交差数の関係
(白のプロット：pH 調整，黒のプロット：バインダー添加，数字は添加量)

なると亀裂は発生しなくなるが，亀裂発生領域では亀裂交差数と見かけ粘度の間に相関性はかなり低い．

まだ実験データが少なく，今後さまざまなスラリーでの検討が必要ではあるが，スラリーの定速沪過・応力緩和試験は，テープ成形体の乾燥時の亀裂の発生をス

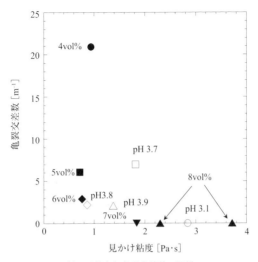

図 12.7 スラリー見かけ粘度と亀裂交差数の関係
（白のプロット：pH 調整，黒のプロット：バインダー添加，数字は添加量）

ラリーの段階で予測できる一つの評価法であるといえる．

引用文献

1) James S. Reed: "Principles of Ceramics Processing 2nd ed.", pp. 525-539, Wiley(1995).
2) Yamaguchi, T. and H. Yanagida: "Ceramic Processing", pp. 119-121, Gihodoshuppan(1987).
3) George W. Scherer: "Theory of Drying", *J. Am. Ceram. Soc.*, **73**, 3-14(1990).
4) Misra, R., A. J. Barker and J. East: "Controlled Drying to Enhance Properties of Technical Ceramics", *Chem. Eng. J.*, **86**, 111-116(2002).
5) Chiu, R. C., T. J. Garino and M. J. Cima: "Drying of Granular Ceramic Films: I, Effect of Processing Variables on Cracking Behavior", *J. Am. Ceram. Soc.*, **76**, 2257-2264(1993).
6) Lan, W., X. Wang and P. Xiao: "Agglomeration Effect on Drying of Yttria-Stabilised-Zirconia Slurry on a Metal Substrate", *J. Eur. Ceram. Soc.*, **26**, 3599-3606(2006).
7) Mori, T., T. Yamada, T. Tanaka, A. Katagiri and J. Tsubaki: "Effects of Slurry Properties on the Crack Formation in Ceramics Green Sheet during Drying", *J. Ceram. Soc. Jpn.*, **114**, 823-828 (2006).
8) 森隆昌："解説フロンティア研究シリーズ「スラリー評価の新展開―スラリー特性から製品特性をどこまで予測できるか？―」"，粉体工学会誌，**46**, 269-274(2009).

13 碍子製造用杯土の可塑性最適化

　碍子製造において杯土の特性が，最終製品の品質と歩留まりを左右する．従来，杯土の特性は硬度により評価され，杯土の水分を調整することにより硬度の最適化を行ってきた．しかし，杯土水分の調整は試行錯誤的に行わざるを得ず，時間がかかるだけでなく水分の精密な制御も難しい．また坏土水分の増加は，成形体の充填率を減少させ，乾燥収縮や焼成収縮を大きくし，成形体内部に気孔を生成させる原因ともなるので，碍子品質を低下させることにつながる．

　著者らは，杯土の硬度を支配する因子として水分のほかに杯土中粒子の凝集・分散状態に着目し，試行錯誤することなく水分調整ができるだけでなく，水分一定のまま粒子凝集・分散状態を制御して硬度を調整できる杯土評価手法[1~3]を確立したので，以下に紹介する．

碍子原料調製・成形プロセス：　碍子の成形体を得るまでのプロセスを図13.1に示した．碍子は陶石，長石，けい砂，アルミナなど（ここでは原石とよぶ）と粘土を原料としてつくられる．まず原石を粉砕して原石スラリーを得る．原石は非可塑性原料なので可塑性原料である粘土のスラリーと混合撹拌して原料スラリーとする．原料スラリーはフィルタープレスにより脱水されてケーキ土となり，真空土練機により混練され杯土となって成形に供される．

杯土の評価：　杯土の硬度評価は図13.2に示す硬度測定計によって行い，その読みを硬度 h [—]とする．粒子の凝集・分散状態を定量的に評価するために，実工程で予想される粘度が最も低い分散スラリーは分散剤の水ガラスを，粘度が最も高い凝集スラリーは凝集剤の塩化マグネシウムを添加することでそれぞれ調製した．これら二つのスラリーから杯土を作成し，それぞれの杯土の硬度と水分の関係を測定したところ，図13.3に示す一次の良い相関を得た．この結果より，

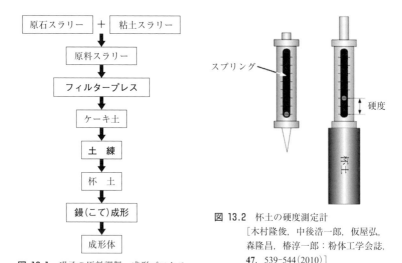

図 13.1 碍子の原料調製・成形プロセス

図 13.2 杯土の硬度測定計
[木村隆俊, 中後浩一郎, 仮屋弘, 森隆昌, 椿淳一郎: 粉体工学会誌, 47, 539-544(2010)]

凝集杯土硬度 h_a および分散杯土硬度 h_d は水分 m [%]と次の式で関係づけられる.

$$h_a = -2.56\,m + 75.7 \tag{13.1}$$

$$h_d = -4.06\,m + 102 \tag{13.2}$$

2007年度に実プロセスを流れた杯土の硬度と水分の関係を図 13.4 に示したが, すべてのデータが凝集杯土と分散杯土の間に入っているので, 分散・凝集状態を次式で定義される凝集度 I [—]で表す.

$$I = \frac{h - h_d}{h_a - h_d} \tag{13.3}$$

式(13.3)に式(13.1), (13.2)を代入すると, 実杯土の硬度, 凝集度, 水分の関係は次の式で与えられる.

$$I = \frac{4.06\,m + h - 102}{1.5\,m - 26.3} \tag{13.4}$$

杯土の可塑性最適化:　式(13.4)を使うと図 13.5 の線図をつくることができる. いま例えば, 水分が 21.4mass%, 硬度が 18.0 の坏土が得られたとする. これまでは, 試行錯誤的に水分を低下させ硬度を 19.0 に調整していたが, 図 13.5

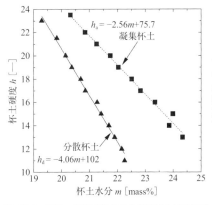

図 13.3 凝集・分散状態が杯土硬度に及ぼす影響
[木村隆俊，中後浩一郎，仮屋弘，森隆昌，椿淳一郎：粉体工学会誌，**47**，539-544 (2010)]

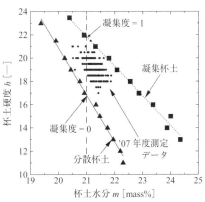

図 13.4 製造現場の杯土硬度と水分の関係
[木村隆俊，中後浩一郎，仮屋弘，森隆昌，椿淳一郎：粉体工学会誌，**47**，539-544 (2010)]

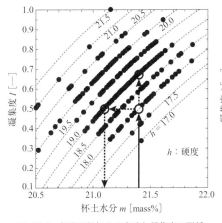

図 13.5 製造現場杯土の水分と凝集度の関係
[木村隆俊，中後浩一郎，仮屋弘，森隆昌，椿淳一郎：粉体工学会誌，**47**，539-544 (2010)]

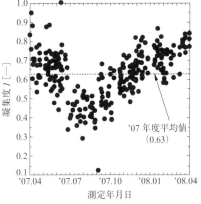

図 13.6 製造現場杯土の凝集度日変化
[木村隆俊，中後浩一郎，仮屋弘，森隆昌，椿淳一郎：粉体工学会誌，**47**，539-544 (2010)]

を用いることにより，試行錯誤に頼ることなく硬度 19 となる適正水分 21.1mass％を求めることができる．また，スラリーに $MgCl_2$ を添加し凝集度を 0.68 まで高めれば水分を 21.4 mass％一定に保ったまま硬度を 19.0 に調整する

ことも可能である．

スラリーの季節変化：　実杯土の凝集度を杯土作成日に対してプロットすると図 13.6 となり，明らかな季節変動がみられた．これは原石粉砕時の温度が原因していて，夏場には原石スラリー温度が約 70℃ まで上昇するため，陶石から鉄イオンが溶出し凝集度を下げていることが実験によって確かめられた[2]．

引用文献

1) 木村隆俊，中後浩一郎，仮屋弘，森隆昌，椿淳一郎："碍子製造用杯土の可塑性最適化に関する研究"，粉体工学会誌，**47**，539-544(2010)．
2) 木村隆俊，中後浩一郎，仮屋弘，森隆昌，椿淳一郎："碍子製造用杯土中粒子の集合状態における季節変動"，粉体工学会誌，**47**，692-696(2010)．
3) 木村隆俊："ガイシ製造用杯土の凝集度による評価および季節変動"，粉体技術，**3**，45-50(2011)．

第Ⅲ編　固液分離技術とその他の技術

　粒子状材料製造プロセス最適化のためのスラリー評価技術の確立が，著者らの主たる研究課題であったが，派生的にその他の課題にも取り組んだので，それらの成果についても以下に紹介する．

14
沪過濃縮操作

　沪過操作はさまざまな産業分野で必要とされる基盤技術で，古くから研究され技術体系も確立されている[1]．沪過は，砂沪過のように粒子を沪材内部に捕集する内部沪過と，沪材面上に捕集するケーク沪過に分けられるが，内部沪過も沪材内部が粒子で一杯になるとケーク沪過に移行する．沪過操作の最大の技術課題は，捕集された粒子による流体抗力(圧力損失)の増大を防ぐことである．具体的には，沪材の目詰まりを防ぐこととケークの圧損を減らすことである．沪材で粒子を捕集する以上沪材の目詰まりは避けられず，沪材の逆洗などで対応せざるを得ない．ケーク圧損の低減は，凝集剤添加によりケークの空間率を上げ沪液を流しやすくすることで対応されているが，ケークの含水率を下げるためにはさらに圧搾操作が必要となる．また，沪過対象スラリーを沪材面と平行に流すクロスフロー(十字流)沪過もケークの成長を妨げるので，ケーク圧損の低減には有効で広く用いられている．

　著者らは，8.1.2項に紹介した沈降静水圧法のデータから新たな沪過装置を着想し，その装置は目詰まりが少なく，また流動性を保ったままフィルタープレス並の濃縮が可能な装置であることを実証したので，以下に紹介する．

14.1　DECAFFの誕生

　図14.1は，20vol% Mg添加アルミナスラリーの沈降挙動を示した図8.6，8.5の再掲である．図14.1(a)で，pH 4.2に調整されたスラリー沈降静水圧は直線的にゆっくり低下していることから，粒子間には十分な反発力が働いていることがわかる．一方，60 h後の沈降界面の深さは35 mmなので，スラリー層の平均粒

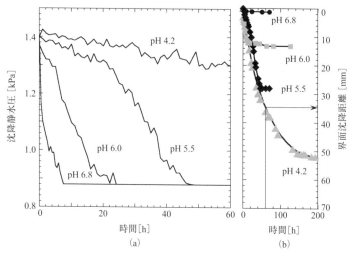

図 14.1(図 8.6, 8.5 再掲)　20vol% Mg 添加アルミナスラリーの沈降挙動(初期高さ 90mm)
(a)　沈降静水圧曲線,　(b)　回分沈降曲線

子濃度は 33vol%(=20×90/55), 質量濃度では 66mass% である.

含水率 40% 以下となってなおスラリーが流動性を保っているなら, 図 14.2 に示すような, 側面を沪過面とする沈降容器を用いれば, 容器底部から高濃縮されたスラリーが自重で流出するはずである. 実験の結果, 40vol%(73mass%)を超す濃縮スラリーが詰まることなく排出されることが確認された[2]. 沪過速度(沪過流束)と濃縮スラリーの排出速度のバランスを取りつつ沪過速度を上げるためにいくつかの装置を試作した[3]が, 最終的に図 14.3 に示すらせん案内棒付きフィルターチューブ[4]を採用した. 寸法に理論的制約はないが, フィルターには入手可能であった内径 9 mm, 外径 12 mm のセラミックフィルターを使い, 6 mm のアクリル棒に 1.5 mm のリード線を等ピッチで巻き付けたものを芯棒とし, フィルターチューブに挿入した.

図 14.4 は, 粒子形状が鱗片状で沪過が難しいといわれているセリサイトスラリーに適用した例で, 芯棒の挿入で沪過速度が約 30 倍になっている[4]. 図 14.5 はアオコの沪過濃縮結果で, 閉塞することなく沪過濃縮が可能である[4].

芯棒がなければ汎用のクロスフロー沪過であるが, らせん案内付き芯棒の挿入によってスラリーの線速度が上がり, フィルター面に形成される濃縮層が速やか

14.1 DECAFFの誕生　207

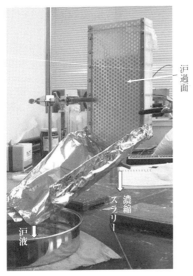

図 14.2　DECAFF原理確認用濾過装置

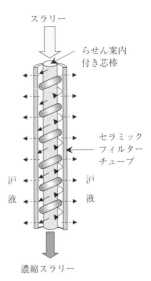

図 14.3　らせん案内棒付きフィルターチューブ
[Katsuoka, T., H.Satone, T.Yamada, T.Mori and J. Tsubaki: *Powder Technol.*, **207**, 154-158(2011)]

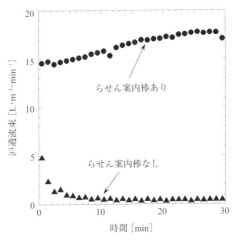

図 14.4　らせん案内棒の効果
（1vol% セリサイトスラリー，粒子径 4 μm）
[Katsuoka, T., H. Satone, T. Yamada, T. Mori and J. Tsubaki: *Powder Technol.*, **207**, 154-158(2011)]

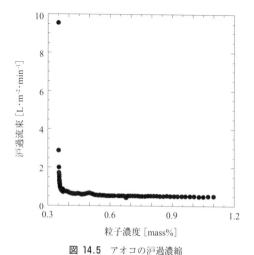

図 14.5 アオコの沪過濃縮
[Satone H., T. Katsuoka, K. Asai, T. Yamada, T. Mori and J. Tsubaki: *Powder Technol.*, **213**, 48-54(2011)]

に掃流される．また旋回流によって掃流された濃縮スラリーは速やかに混合されるので，単なるクロスフロー沪過より大幅な沪過速度の向上が可能となる．著者らは，この沪過装置にDECAFF(**DE**nse **CA**ke **F**low-able **F**ilter)という名前を付けている．

14.2 濃縮限界

図14.6に示すDECAFF循環濃縮システムにより，鋼板洗浄廃液から回収した酸化鉄スラリーを沪過濃縮した結果を図14.7に示す．酸化鉄スラリーの場合，水ガラスを添加してスラリーの流動性を上げれば，図14.7に示すように含水率で20%以下の濃縮物を流動状態で得ることができる．濃縮限界はスラリーの流動性によって決まり，フィルターを流れ続ける限り濃縮は可能である．

14.3 目詰まり

図14.7で用いた酸化鉄スラリーの繰返し濃縮実験の結果を図14.8に示した．

14.3 目詰まり　209

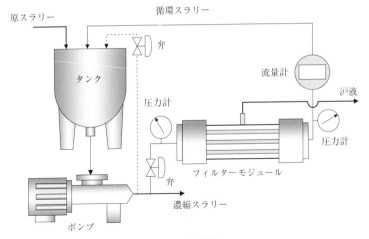

図 14.6　DECAFF 循環濃縮システム

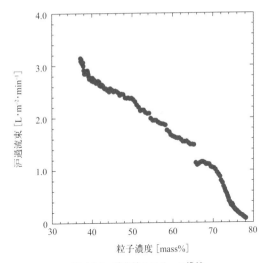

図 14.7　酸化鉄スラリーの濃縮
[平田隆幸：平成 21 年度名古屋大学修士論文(2010)]

図 14.8 は，35mass％のスラリーを 75mass％まで濃縮する実験を，フィルターを全く洗浄することなく繰り返し行ったときの濾過流束(濾過速度)の変化である．図から，一度使用したフィルターの濾過流束(2 nd)は，未使用フィルターの濾過流束(1st)に比べだいぶ低下しその後も低下傾向にはあるが，7 回目以降は定常状

210   14　濾過濃縮操作

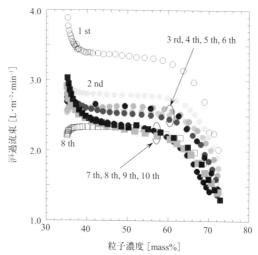

図 14.8　酸化鉄スラリーの無洗浄繰返し濾過
［安齋将貴：平成 23 年度名古屋大学修士論文(2012)］

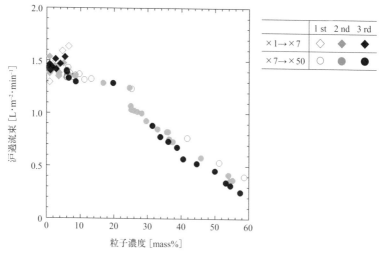

図 14.9　模擬インク廃液の無洗浄繰返し濾過
［森田雅也：平成 22 年度名古屋大学修士論文(2011)］

態に達しているようにみえる.

図14.9は,インク原液を50倍希釈した模擬インク廃液を50倍濃縮する実験を,フィルターを全く洗浄することなく繰り返し行ったときの沪過流束(沪過速度)の変化である.タンクの容量の関係で1回では50倍まで濃縮できないため,模擬廃液をまず7倍濃縮し,その濃縮スラリーに別に調製した同濃度のスラリーを加えて,さらにインク原液濃度まで濃縮した.3回の繰返し濃縮実験ではほとんど沪過流束の低下がみられない.

14.4 沪 過 機 構

図14.10は,図14.4と同じセリサイト粒子を用い循環流量と供給圧力が沪過流束に及ぼす影響をみたもので,供給圧力はフィルター出口側の弁により調整した.供給圧力とともに沪過流束は上がっているが,沪過流束は供給圧力によらず循環流量に比例して増大しているので,沪過流束は主にフィルター内の流速に支配されていると考えられる.らせんピッチがらせん流路内流速に及ぼす影響を図14.11に,沪過流束に及ぼす影響を図14.12にそれぞれ示した.両図はよく対応し

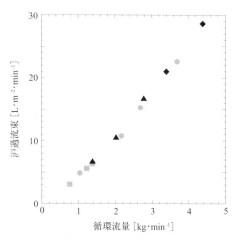

図 14.10 沪過流束に及ぼす循環流量の影響
(供給圧力[MPa]: ■ 0.1, ▲ 0.4, ● 0.6, ◆ 0.8, らせんピッチ 6 mm)
[Katsuoka, T., H.Satone, T.Yamada, T.Mori and J.Tsubaki: *Powder Technol.*, **207**, 154-158(2011)]

212   14 沪過濃縮操作

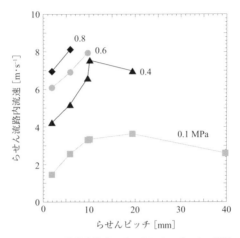

図 14.11　らせん流路内流速に及ぼすらせんピッチの影響
　　　　　（供給圧力[MPa]：■ 0.1，▲ 0.4，● 0.6，◆ 0.8）
[Katsuoka, T., H.Satone, T.Yamada, T.Mori and J.Tsubaki:
Powder Technol., **207**, 154-158(2011)]

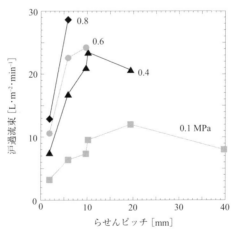

図 14.12　沪過流束に及ぼすらせんピッチの影響
　　　　　（供給圧力[MPa]：■ 0.1，▲ 0.4，● 0.6，◆ 0.8）
[Katsuoka, T., H.Satone, T.Yamada, T.Mori and J.Tsubaki:
Powder Technol., **207**, 154-158(2011)]

ていることからも，沪過流束がらせん内流速に支配されていることがわかる[5]．らせん内流速が沪過流束を支配している一つの理由は，流速の増大により沪材面に働く掃流剪断力が増し，沪材表面の濃縮スラリーが流し出されるためと思われる．

　フィルターの違いが沪過流束に及ぼす影響[6]をみるために，図14.13に示すアルミナ質3種類と粘土質2種類のフィルターを用いて，酸化鉄スラリーとインク希釈液の沪過濃縮試験を行った．図14.14は，原液を3倍希釈したインクを供給圧力0.4 MPaで沪過した場合の沪過流束である．フィルターAははじめこそ沪過流束は大きいものの急激に低下する．フィルターB，C，DもAほど顕著ではないが沪過流束は漸減している．一方，フィルターEでは他のフィルターと異なり，沪過流束の低下はほとんど認められない．

　図14.13に示すフィルターのSEM像を図14.15に示す三次元立体画像に変換し，図14.16に示すフィルター表面の粗さ分布を求めた．また，図14.14で定常状態の沪過流束を初期値で除したものを沪過流束低下率とし，平均粗さ(粗さ分布の50%値)との相関をとってみると，図14.17に示すように，沪過流束低下率は平均粗さに対応して直線的に低下している．酸化鉄スラリーの場合も全く同様の結果が得られている．

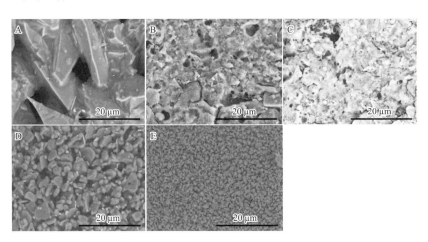

図 14.13　セラミックフィルターのSEM写真
(A，D，E：アルミナ質，B，C：粘土質)

[Satone, H., M.Morita, T.Kiguchi, J.Tsubaki and T.Mori: *Eng. Technol.*, **2**, 345-351(2015)]

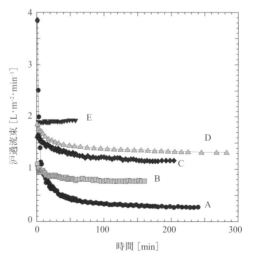

図 14.14 模擬インク廃液の沪過流束経時変化
[Satone, H., M.Morita, T.Kiguchi, J.Tsubaki and T.Mori: *Eng. Technol.*, **2**, 345-351(2015)]

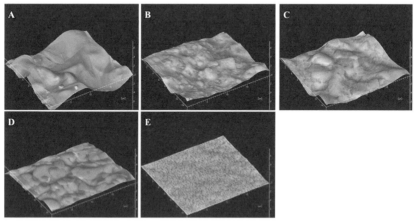

図 14.15 図 14.13 のフィルター表面の三次元画像
[Satone, H., M.Morita, T.Kiguchi, J.Tsubaki and T.Mori: *Eng. Technol.*, **2**, 345-351(2015)]

14.4 濾過機構

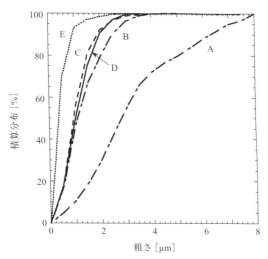

図 14.16　図 14.15 より求めた表面粗さの分布
[Satone, H., M.Morita, T.Kiguchi, J.Tsubaki and T.Mori: *Eng. Technol.*, **2**, 345-351(2015)]

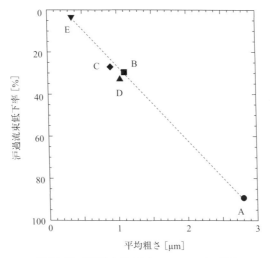

図 14.17　濾過流束低下率とフィルター表面粗さ
[Satone, H., M.Morita, T.Kiguchi, J.Tsubaki and T.Mori: *Eng. Technol.*, **2**, 345-351(2015)]

216   14 沪過濃縮操作

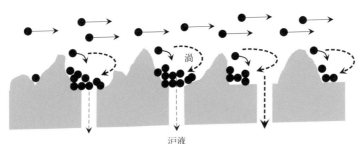

図 14.18 表面の粗いフィルターの沪過機構(阻止沪過)
[Satone, H., M.Morita, T.Kiguchi, J.Tsubaki and T.Mori: *Eng. Technol.*, **2**, 345-351(2015)]

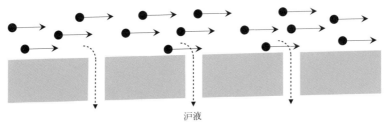

図 14.19 表面平滑フィルターの沪過機構(慣性沪過)
[Satone, H., M.Morita, T.Kiguchi, J.Tsubaki and T.Mori: *Eng. Technol.*, **2**, 345-351(2015)]

　図 14.17 から，DECAFF の沪過機構を図 14.18，14.19 のように考えることができる．フィルター A のように沪過面が粗いフィルターでは，図 14.18 に示すように，壁面の凸部で発生する渦に粒子は取り込まれて凹部に堆積し，粒子はケーク沪過と同様堆積粒子層(ケーク)によって捕集される．したがって，凹部内の堆積層の形成に伴い沪過流束は低下するが，堆積層が凹部を満たすとそれ以上の堆積層は流れの剪断力によって掃き流されるため，沪材表面は定常状態になり，沪過流束は一定になる．それに対して，フィルター E のように沪過面が平滑なフィルターでは，図 14.19 に示すように沪過面上に渦はできず，液体は流れの方向を変えて沪材孔から沪液として排出されるが，粒子は慣性力のために沪材孔から流出できずフィルター内を流れ続ける．粒子に十分な慣性力を与えれば，沪材孔よりも小さな粒子でも分離できるので，理屈上は全く目詰まりしない沪過も可能となる．このような分離機構は，固気分離技術では慣性集塵とよばれているので，この沪過機構をここでは慣性沪過とよんでおく．

図 14.10 で，DECAFF 沪過においては供給圧力よりも循環流量が重要であると述べたが，その理由は，循環流量を上げることにより，沪過機構が慣性沪過に近づき，また掃流剪断力も大きくなるためである．供給圧力を上げても初期の沪過流束は大きくなるが，流速(慣性力)が十分でないと沪過機構はケーク沪過となり目詰まりを起こしやすくなるので注意を要する．

引用文献

1) 世界濾過工学会日本会編："濾過工学ハンドブック"，丸善出版(2009)．
2) 椿淳一郎，森隆昌，ウネンバット ツェヴェーン，オチルホヤグ バヤンジャルガル："凝集剤の代わりに分散剤を添加する濾過技術の開発"，粉体工学会誌，**43**，731-736 (2006)．
3) Ochirkhuyag, B., T. Mori, T. Katsuoka, H. Satone, J. Tsubaki, H. Choi and T. Sugimoto: "Development of a High-Performance Cake-Less Continuous Filtration System", *Chem. Eng. Sci.*, **63**, 5274-5282(2008).
4) Satone, H., T. Katsuoka, K. Asai, T. Yamada, T. Mori and J. Tsubaki: "Development of a High-Performance Filtration System — Application for Various Hardly Filterable Materials", *Powder Technol.*, **213**, 48-54(2011).
5) Katsuoka, T., H. Satone, T. Yamada, T. Mori and J. Tsubaki: "Development of a Novel High Performance Filtration System — Optimization of Operating Conditions", *Power Technol.* **207**, 154-158(2011).
6) Satone, H., M. Morita, T. Kiguchi, J. Tsubaki and T. Mori: "Effect of Surface Roughnes of Filter Media on Filtration Flux", *Eng. Technol.*, **2**, 345-351(2015).

15 ケミカルフリー造粒

　沈降濃縮，沪過のような固液分離操作では，一般的に被処理液に含まれる粒子の粒子径が大きいほど分離しやすいため，凝集剤を添加して微粒子を凝集させることが行われている[1~6]．しかしながら，添加した凝集剤はコンタミ成分となるため資源リサイクルのためには望ましくない[7,8]．食品・医薬品などの分離では，わずかなコンタミも大きな問題になるため，さらに凝集剤の使用が制限される．

　これに対して著者らは，電場を利用して，ケミカルフリーで液中の粒子を造粒する方法を開発した[9,10]．スラリーに電場を印加すると，図 15.1 に示すように，粒子の電荷と電気二重層拡散層内の対イオンの電荷が分極し，粒子間に静電的な引力が働いて[11]凝集する．

　電場による液中微粒子の造粒は図 15.2 のような矩形容器の両端に電極板を設置し行うのが最も簡単である．ケミカルフリー造粒の例としてアルミナスラリー

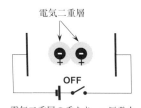

電気二重層の重なり → 反発力

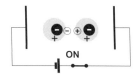

電気二重層の分極 → 引力

図 15.1　誘電分極造粒の原理

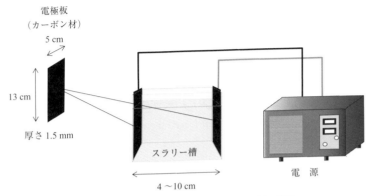

図 15.2 電場によるケミカルフリー造粒装置の概要

による実験結果を示す．試料粉体は Mg 無添加アルミナで，粒子濃度が 0.1vol%
となるよう蒸留水と混合した後，pH を 8.0 に調整した．このアルミナスラリー
に，以下に示すさまざまな条件で電場を印加し，粒子の凝集状態を評価した．

図 15.3 には，アルミナスラリーに直流電場を印加しているときの様子の一例
を示す．ここでは，直流 20 V を電極間距離 8 cm としてスラリーに印加した．図
のように清澄層/スラリー界面を観察することができる．そこで，電極間距離を
8 cm で一定として，5～20 V の直流電場およびさまざまな条件(電圧 10，20 V，
周波数 40，80 Hz)の交流電場をアルミナスラリーに印加し，清澄層/スラリー層
界面の位置の経時変化を観察した．図 15.4 には直流の，図 15.5 には交流の結果
を示す．まず，直流，交流電場の結果を比較すると，直流電場のほうが界面の下
降が速く，より大きな造粒体が形成されていることがわかる．交流電場では電場

図 15.3 電場印加中のアルミナスラリーの様子
(電場印加条件：直流 20 V，電極間距離 8 cm)

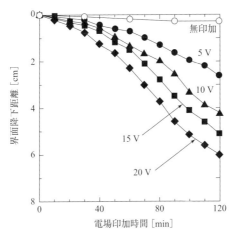

図 15.4 直流電場の印加電圧が粒子凝集に及ぼす影響
（電極間距離 8 cm）

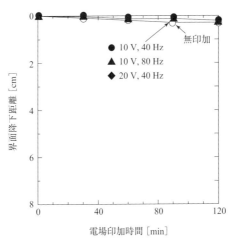

図 15.5 交流電場を印加した場合の粒子凝集効果
（電極間距離 8 cm）

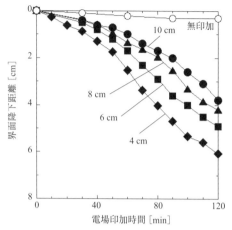

図 15.6 電極間距離が粒子凝集に及ぼす影響
（電界強度 125 V·m^{-1}）

の方向が変化するため，粒子の分極がそれに追随できず，造粒できなかったと考えられる．造粒効果が高い直流電場の結果を比較すると，印加電圧が大きいほうが界面の下降が速い．粒子と電気二重層の分極による静電的な引力が大きくなるため，より造粒が進行したと考えられる．図 15.6 には，電界強度を 125 V·m^{-1} 一定に保ちながら，電極間距離を 4～10 cm と変化させてアルミナスラリーに直流電場を印加したときの，清澄層/スラリー層界面の位置の経時変化を示す．図から明らかなとおり，電極間距離を狭めることによって，造粒効果を高めることができる．

　また，電極間距離 6 cm で 10 V の直流電場をアルミナスラリーに印加し，印加時間を 0～80 min の間で変化させ，印加時間が造粒に及ぼす影響を検討した．所定の時間電場を印加した後に，スラリーを沈降管に移し，スラリーの沈降挙動を観察した．図 15.7 に電場印加後にスラリーを沈降管に移し，9 日間経過したときの様子を示す．電場の印加時間が長くなるほど，底部に堆積した粒子の量が多く，懸濁している粒子量が少なくなっている．電場印加時間が 20 min のサンプルではかなり清澄な上澄み層がみられ，ほとんどの粒子が沈降・堆積したことがわかる．電場印加時間が 80 min のサンプルと比較するとやや懸濁している粒子がみられるが，数分の電場印加でも十分な造粒効果があることが確認された．

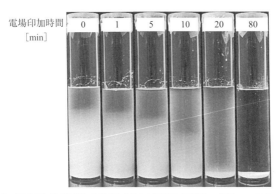

図 15.7 電場印加時間が粒子凝集に及ぼす影響沈降開始 9 日後のスラリーの様子

引用文献

1) Dollomore, D. and T. A. Horridge: "The Optimum Flocculant Concentration for Effective Flocculation of China Clay in Aqueous Suspension", *Water Res.*, **6**, 703-710(1972).
2) Walles, W. E.: "Role of Flocculant Molecular Weight in the Coagulation of Suspensions", *J. Colloid Int. Sci.*, **27**, 797-803(1968).
3) Healy, T. W.: "Flocculation-Dispersion Behavior of Quartz in the Presence of a Polyacrylamide Flocculant", *J. Colloid Int. Sci.*, **16**, 609-617(1961).
4) Lee, K. E., N. Morad, T. T. Teng and B. T. Poh: "Development, characterization and the Application of Hybrid Materials in Coagulation/Flocculation of Wastewater: A Review", *Chem. Eng. J.*, **203**, 370-386(2012).
5) Nasim, T. and A. Bandyopsdhyay: "Introducing Different Poly (vinyl alcohol)s as New Flocculant for Kaolinated Waste Water", *Separ. Puri. Technol.*, **88**, 87-94(2012).
6) Zahrim, A. Y., C. Tizaoui and N. Hilal: "Coagulation with Polymers for Nanofiltration Ore-Treatment of Highly Concentrated Dyes: A Review", *Desalination*, **266**, 1-16(2011).
7) 山本洋子, 小塚正太郎, 力石早苗, 佐々木孝行: "植物細胞におけるアルミニウムによるショ糖吸収阻害機構の解析", 土肥要旨集, 第 52 集, p.52(2006).
8) 西川治光, 原徹夫, 園田洋次: "アクリルアミドの植物による吸収", 日本土壌肥料学雑誌, **54**, 55-57(1983).
9) 森隆昌, 椿淳一郎: "特願 2012-289109「粒子凝集分離回収装置及び粒子凝集分離回収方法」"(2012).
10) 森隆昌, 椿淳一郎: "凝集剤を使用しないケミカルフリーな液中微粒子凝集技術", ケミカルエンジニヤリング, **57**, 782-786(2012).
11) J. N. イスラエルアチヴィリ 著, 大島広行 訳: "分子間力と表面力 第 3 版", pp.75-85, 朝倉書店(2013).

16 沈降静水圧法による高濃度粒子径分布測定

2章で説明したように，スラリーとして取り扱われるような粒子の粒子径測定には，原理的に沈降法が最も適している．しかし干渉沈降の影響を避けるためには，試料スラリーの濃度は低くなければならず，その上限はJIS[1]により2vol%と定められている．しかし7.1.4項で説明した干渉沈降の速度式を用いれば，高濃度域においても粒子径測定が可能となり，プロセスで使用するような高濃度スラリーの直接測定も可能となる．

8.1.2項で紹介した沈降静水圧は，沈降天秤法と同様に測定点よりも上方で懸濁している粒子の総質量を反映しているので，その経時変化から粒子径分布の測定が可能である．

本章では，沈降静水圧法を用いた高濃度の良分散スラリーの粒子径分布の測定例と干渉沈降速度式に関する若干の考察を紹介する．

16.1 測定原理

沈降静水圧の経時変化から粒子径分布は以下のようにして求められる．まず模擬的にスラリー中に大・中・小の3種類の粒子が存在している場合を考える．時間 $t=0$ で沈降を開始し，そのときの沈降静水圧を P_{max} [Pa]とする．図16.1に示した模式図のように，沈降開始時に気液界面に存在した大粒子が測定面を通過する時間 t_1 [s]までは，沈降静水圧の降下は大・中・小粒子の沈降によりもたらされ，t_1 以降は中・小粒子の沈降により沈降静水圧の降下が起こり，沈降開始時にスラリー気液界面に存在した中粒子が測定面を通過する t_2 を過ぎると，沈降

16 沈降静水圧法による高濃度粒子径分布測定

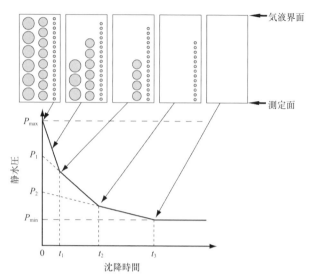

図 16.1 粒子の沈降と静水圧変化の模式図

静水圧の降下は小粒子の沈降によるものだけになり次にすべての小粒子が測定面を通過する t_3 以降は静水圧 P_{min} [Pa] で一定となる．

区間 $t_2 < t < t_3$ の沈降静水圧の変化は小粒子のみの沈降によるものであり，この沈降静水圧直線と縦軸の切片 P_2 と P_{min} の差は，スラリー中の小粒子のみの沈降による沈降静水圧変化で，区間 $t_1 < t < t_2$ の直線と縦軸との切片 P_1 と P_2 の差は中粒子の沈降によるものである．したがって，大粒子の存在割合は $(P_{max}-P_1)/(P_{max}-P_{min})$，中粒子のそれは $(P_1-P_2)/(P_{max}-P_{min})$，小粒子のそれは $(P_2-P_{min})/(P_{max}-P_{min})$ で与えられる．

実スラリーでは粒子径は連続的に分布するため，沈降静水圧の経時変化は折れ線にはならず曲線となる．ある沈降時間 t_i で，沈降静水圧曲線に接線を引き，その接線と縦軸の切片を P_i とする．沈降時間 t_i に測定面に存在する最大粒子は，沈降開始時に気液界面に存在した粒子であるから，沈降静水圧測定面までの深さを h [m] とすると最大粒子径 x_i [m] は，式 (7.2) の終末沈降速度式を変形した式 (16.1) から，x_i より小さい粒子の質量規準積算分布 $Q_3(x_i)$ は式 (16.2) からそれぞれ求められる．

$$x_i = \sqrt{\frac{18\mu}{(\rho_\mathrm{p}-\rho_\mathrm{l})g}\frac{h}{t_i}} \tag{16.1}$$

$$Q_3(x_i) = \frac{P_i - P_\mathrm{min}}{P_\mathrm{max} - P_\mathrm{min}} \tag{16.2}$$

16.2 高濃度スラリーの粒子径分布測定

　粒度管理がしっかりしているアルミナ研磨材（JIS #2000，公称粒子径 6.7 μm）を試料粉体とし，その 10，20，30 vol% スラリーの沈降静水圧を測定した．いずれのスラリーも良分散状態となるように pH 4.0 に調整してある．沈降静水圧測定面が堆積層の上に来るように，あらかじめ沈降実験を行い測定面深さ h を決めた．

　図 16.2 に得られた沈降静水圧曲線を示す．この測定結果から式(16.1)および(16.2)を用いて粒子径分布を算出すると，図 16.3 に示すように，明らかに干渉沈降による濃度依存が現れているので，式(7.16)を変形した式(16.3)によって干渉沈降の補正を行った．

$$x = \sqrt{\frac{18\mu}{(\rho_\mathrm{p}-\rho_\mathrm{l})g}\frac{h}{t}\varepsilon^{-n}} \tag{16.3}$$

式中のべき数 n について，まずはリチャードソン・ザキが提案した $n=4.65$ で補正しても図 16.4 に示すように，粒子径分布は収束しなかった．そこで著者ら[2]は，濃度によらず粒子径分布が同一となるように n のフィッティングを行ったところ，$n=7.16$ のとき，図 16.5 に示すようなよい結果が得られた．そこで，この結果が他の粒子径にも適用できるのか確認するため，粒子径の異なるアルミナ研磨材（#4000：公称粒子径 3.0 μm，#6000：公称粒子径 2.0 μm）で同様の測定を行い，公称粒子径との比較を行った．リチャードソン・ザキの $n=4.65$ による補正結果が図 16.6 であり，著者らの提案した $n=7.16$ の補正結果が図 16.7 である．グラフからわかるように，$n=7.16$ を用いるといずれの粒子でも，公称粒子径とよく一致している．このように，沈降静水圧法によって高濃度スラリーの粒子径分布を希釈することなく直接測定することができる．

　なぜ固液分離の分野などで幅広く用いられているリチャードソン・ザキ式が適

228 16 沈降静水圧法による高濃度粒子径分布測定

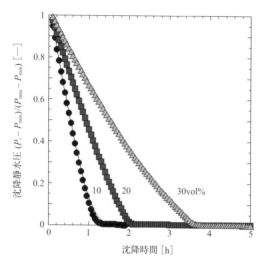

図 16.2 アルミナ研磨材 #2000 の沈降静水圧測定結果
[佐藤根大士,西馬一樹,飯村健次,鈴木道隆,森隆昌,椿淳一郎:
粉体工学会誌,**48**,456-463(2011)]

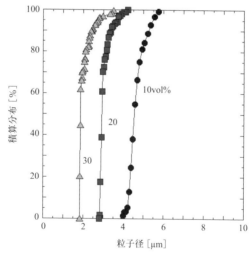

図 16.3 沈降静水圧曲線から算出したアルミナ研磨材 #2000 の粒子径分布
[佐藤根大士,西馬一樹,飯村健次,鈴木道隆,森隆昌,椿淳一郎:
粉体工学会誌,**48**,456-463(2011)]

16.2 高濃度スラリーの粒子径分布測定　229

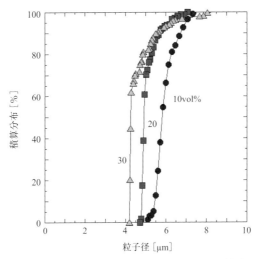

図 16.4 リチャードソン・ザキ式による図16.3の補正
[佐藤根大士, 西馬一樹, 飯村健次, 鈴木道隆, 森隆昌, 椿淳一郎：
粉体工学会誌, **48**, 456-463(2011)]

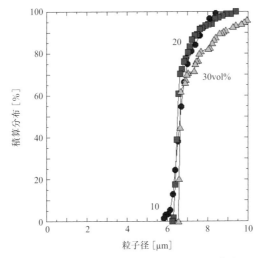

図 16.5 著者らが提案した式による図16.3の補正
[佐藤根大士, 西馬一樹, 飯村健次, 鈴木道隆, 森隆昌, 椿淳一郎：
粉体工学会誌, **48**, 456-463(2011)]

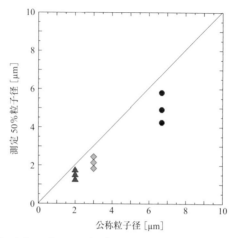

図 16.6 リチャードソン・ザキ式による補正結果と公称粒子径との比較
[佐藤根大士,西馬一樹,飯村健次,鈴木道隆,森隆昌,椿淳一郎:
粉体工学会誌,**48**,456-463(2011)]

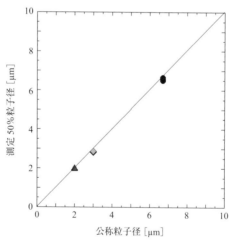

図 16.7 著者らの提案による補正結果と公称粒子径との比較
[佐藤根大士,西馬一樹,飯村健次,鈴木道隆,森隆昌,椿淳一郎:
粉体工学会誌,**48**,456-463(2011)]

図 16.8 アルミナ研磨材 #2000 の SEM 画像

用できなかったのか．以下のような理由が考えられる．n が大きいということは，図 7.6 に示す沈降に伴う相互干渉がより低い濃度から起きているということになる．リチャードソンとザキは，ガラスビーズなどの球形粒子を用いた沈降実験[3]より $n=4.65$ を提案したが，著者らが使用したアルミナ研磨材は，図 16.8 に示すようにエッジの鋭い非球形粒子である．非球形粒子は球形粒子よりも沈降時に周囲の流体を乱すため，より低い濃度で干渉沈降が発生し，n の値は大きくなったと考えられる．

引用文献

1) JIS Z8822, "沈降質量法による粉体の粒子径分布測定方法", 日本工業規格(2001).
2) 佐藤根大士，西馬一樹，飯村健次，鈴木道隆，森隆昌，椿淳一郎："静水圧測定法を用いた濃厚スラリーの粒子径分布測定―初期濃度の影響", 粉体工学会誌, **48**, 456-463(2011).
3) Richardson, J. F. and N. W. Zaki: "Sedimentation and Fluidization: Part 1", *Trans. Inst. Chem. Eng.*, **32**, 35-53(1954).

17 粒子硬度評価

粒子の重要な力学特性の一つに硬度がある．一般に物質の硬度といえば，モース硬度，ブリネル硬度，ビッカース硬度[1]があげられるが，これらはいずれもある程度の大きさをもったバルク体の硬度評価で使用されているもので，微細な粒子状物質にそのまま適用することは難しい．

これに対して著者らは，粒子の硬度を表す指標として，粒子の弾性変形のしにくさに着目し，粒子充填層の圧縮試験から，粒子の弾性変形のしにくさを評価することを提案した[2,3]．

粒子充填層の圧縮試験は，図 17.1 の装置で行う．金型に粒子を充填し，材料試験機で圧縮する．粒子の弾性変形のしにくさを評価するため，充填層を圧縮したときに，粒子の弾性変形のみが起こっている状態をつくる必要がある．したがって，均質・緻密な粒子充填層をつくってから圧縮試験をすることが重要で，これ

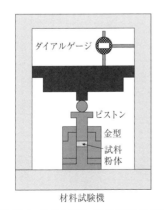

図 17.1 粒子充填層の圧縮試験装置概要

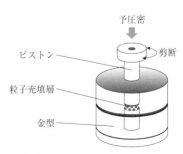

図 17.2 硬度評価のための粒子充填層作成方法

によって、粒子の再配列がない状態で粒子充填層を圧縮し、粒子の弾性変形のみを観察できる.

均質・緻密な粒子充填層は以下の方法で作成できる. 図17.2のような金型に試料粒子を充填した後に、粒子が破壊しない程度の圧力で予圧密し、その状態で上杵(ピストン)を左右にひねる. 圧力が抜けたら、再度予圧密し、ピストンをひねる. この操作を圧力が抜けなくなるまで繰り返し行う. 図17.3に自然充填した粒子充填層と、上記の予圧密・剪断によって作成した粒子充填層の圧縮試験結果を示す. 自然充填した粒子充填層の場合は空隙が多いため、圧縮すると粒子の再配列(すべり)が起こり、図のような不規則な圧力の上昇を示すが、予圧密・剪断方式で作成した粒子充填層の場合は、そのような現象はみられない. さらに、予圧密・剪断方式で作成した粒子充填層の結果を詳細にみると、図17.4に示したように、直線的な圧力の増加がみられる領域(時間 t_0 から t_y までの間)が観察される. これは粒子の再配列がなく、粒子の弾性変形のみが起こっているためである. この直線的に圧力が上昇する部分(比例領域とよぶ)を解析することで、粒子の弾性変形のしにくさを評価できる.

相接触する2個の弾性球(同材質で大きさも等しいとする)が静的に圧縮しあい、2球が接触面で局部変形したときの、圧縮力 P [N]と歪み γ_p [—]の関係は、次のヘルツ(Hertz)の式[4]で表される.

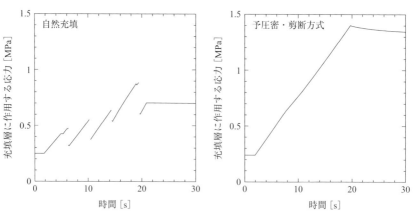

図 17.3 ガラスビーズ充填層の圧縮試験結果に及ぼす充填方法の影響
[椿淳一郎, 森隆昌, 山川博雄, 森英利, 廣瀬仁嗣:粉体工学会誌, **39**, 339-345(2002)]

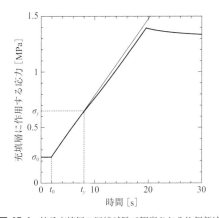

図 17.4 粒子充填層の圧縮試験で観察される比例領域
[椿淳一郎, 森隆昌, 山川博雄, 森英利, 廣瀬仁嗣：粉体工学会誌, **39**, 800-805(2002)]

$$\gamma_\mathrm{p} = \left(\frac{9k^2}{x^4}\right)^{1/3} P^{2/3} \tag{17.1}$$

式中の x [m] は粒子径で，定数 k [m^2·N^{-1}] が粒子の弾性変形のしにくさを表す．この定数 k を，上記の比例領域の解析から求め，粒子の硬度の指標とする．

式(17.1)は2粒子間の関係式であるため，粒子充填層の圧縮試験データから定数 k を求めるためには，左辺の1粒子あたりの歪み γ_p，および右辺の一接触点あたりに作用する力 P を求めなければならない．

まず1粒子あたりの歪み γ_p については，平均的に考えれば，粒子充填層の歪み γ [―] と等しいとおけるので，比例領域の歪みの変化量は次式で求めることができる．

$$\gamma_\mathrm{p} = \gamma = \frac{\Delta H}{H_0} \tag{17.2}$$

ここで，H_0 [m] は圧縮前の粒子充填層厚さで，比例領域の粒子充填層の変位 ΔH [m] は，ピストン下降速度 v [m·s^{-1}] 一定より，次式で求められる．

$$\Delta H = v(t_y - t_0) \tag{17.3}$$

一方，一接触点あたりに作用する力 P は，以下のルンプ(Rump)の式[5]を用いることによって，粒子充填層にかかる応力 σ [Pa] から求めることができる．

$$P = \frac{\varepsilon}{1-\varepsilon} x^2 \sigma \tag{17.4}$$

ここで $\varepsilon\,[-]$ は，粒子充填層の空間率である．

比例領域では粒子の弾性変形のみが起こっており，充填層の空間率は一定とみなすことができるため，比例領域の始点と終点の粉体層のひずみと粉体層にかかる応力をそれぞれ $\gamma_0, \gamma_y, \sigma_0, \sigma_y$ とすると，式 (17.1)〜(17.4) より最終的に以下の式が得られる．

$$\Delta\gamma = \gamma_y - \gamma_0 = \frac{v(t_y - t_0)}{H_0} = (3k)^{2/3}\left(\frac{\varepsilon}{1-\varepsilon}\right)^{2/3}(\sigma_y^{2/3} - \sigma_0^{2/3}) \tag{17.5}$$

よって粒子充填層の圧縮試験データ $t_0, t_y, \sigma_0, \sigma_y, \varepsilon, H_0$ を用いて，粒子の弾性変形のしにくさ k を求めることができる．実験データの精度にもよるが，繰り返し圧縮試験を行い，各サイクルの比例領域のデータを使って，$\Delta\gamma$ と $(\varepsilon/(1-\varepsilon))^{2/3}(\sigma_y^{2/3} - \sigma_0^{2/3})$ をプロットし，得られた直線の傾き（$(3k)^{2/3}$ に相当する）から k を算出する方法が推奨される．

図 17.5 に同材質の球形ガラスビーズおよび不規則形状ガラスパウダーの実験結果を示す．球形ガラスビーズは 3 種類の粒子径で，不規則形状ガラスパウダーは 2 種類の粒子径で実験を行った．いずれの粒子径においても実験結果はほぼ同一の直線上に分布し，k の値はほぼ等しくなっているので，k の値に及ぼす粒子径の影響は，ヘルツ式とルンプ式によって十分考慮されているといえる．一方，粒子形状の影響をみると，形状が球形からはずれると，k の値はわずかながら減少する傾向がある．これは粒子形状が不規則になると，粒子の平らな部分（曲率半径の大きい部分）が多く接触するようになり，粒子の変形部分の接触面積が増加することによって，一接触点あたりにかかる力が減少し，粒子の変形量が小さくなったためと考えられる．粒子形状が極端に異なる粉体粒子を比較するときには注意を要する．

力学物性値が与えられているアルミニウム，銅，鉛粉末でも同様の実験を行った結果を，図 17.6 に示す．図の傾きから求めた k の値と，物性表記載のヤング率，ポアソン比から計算される k の値を比較した結果を図 17.7 に示す．実験で求めた k の値は，推算値よりも 1 桁大きい値となっているが，両者の間にはよい相関があることがわかる．実験で求めた k の値のほうが 1 桁大きくなるのは，

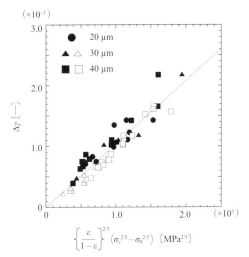

図 17.5 式(17.5) に基づいたガラスの圧密試験結果の解析
（黒のプロット：球形ガラスビーズ，白のプロット：非球形ガラス）
［椿淳一郎，森隆昌，山川博雄，森英利，廣瀬仁嗣：
粉体工学会誌, **39**, 800-805(2002)］

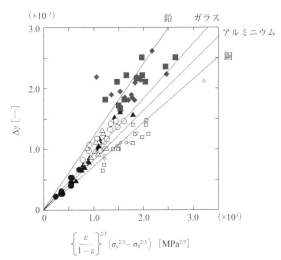

図 17.6 式(17.5) に基づいた各種粒子充填層の圧縮試験結果の解析
［椿淳一郎，森隆昌，山川博雄，森英利，廣瀬仁嗣：
粉体工学会誌, **39**, 800-805(2002)］

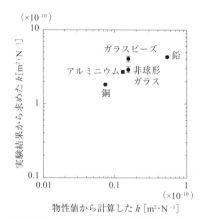

図 17.7 定数 k の実験値と計算値の比較
[椿淳一郎,森隆昌,山川博雄,森英利,廣瀬仁嗣:粉体工学会誌,**39**,800-805(2002)]

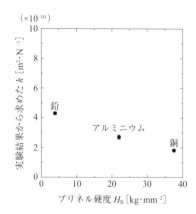

図 17.8 定数 k とブリネル硬度(バルク体)の比較
[椿淳一郎,森隆昌,山川博雄,森英利,廣瀬仁嗣:粉体工学会誌,**39**,800-805(2002)]

粉体層中の応力伝達経路の問題である.ルンプの式では,粉体層中のすべての粒子が応力伝達に関与していると考えているが,実際には層内には応力伝達に関与しない粒子が存在するため,結果として一接触点あたりにかかる力が計算よりも大きくなり,実験で求めた k の値のほうが大きくなる.しかしながら,実験値は推算値とよい相関があり,また従来法のブリネル硬度[5]と比較しても,図17.8に示すようによい相関があることから,本方法で求めた k は粒子状物質の新たな硬度の指標になることが確認されている.

引用文献

1) 日本機械学会編:"機械工学便覧 A.基礎編",A-4,pp.147-150(1987).
2) 椿淳一郎,森隆昌,山川博雄,森英利,廣瀬仁嗣:"粒子状物質の硬度評価法の開発",粉体工学会誌,**39**,339-345(2002).
3) 椿淳一郎,森隆昌,山川博雄,森英利,廣瀬仁嗣:"粒子状物質の硬度評価法の開発-実験値と推算値の比較-",粉体工学会誌,**39**,800-805(2002).
4) 日本機械学会編:"新版 機械工学便覧 基礎編",A-3,p.37(1987).
5) 実用金属便覧編集委員会編:"実用金属便覧 新版",p.193,日刊工業新聞社(1962).

補遺：本書で多用されているアルミナ試料

Mg 無添加アルミナ　　品名：低ソーダ/易焼結品　AES-12（住友化学）

　　化学組成：表 A.1[1,2]

　　粒子径分布：図 A.1

　　ゼータ電位：図 A.2

Mg 添加アルミナ　　品名：低ソーダ/易焼結品　AES-11（住友化学）

　　化学組成：表 A.1[1,2]

　　粒子径分布：図 A.1

　　ゼータ電位：図 A.2

　図 11.3 の実験には下記アルミナを使用

　　品名：易焼結性アルミナ　AL-160SG-3（昭和電工）

　　化学組成：表 A.1[1,2]

　　中心径：0.52 μm[2]

表 A.1　アルミナの化学組成 [%]

	H_2O	L.O.I*	Fe_2O_3	SiO_2	Na_2O	MgO	Al_2O_3
AES-12	0.1	0.1	0.01	0.03	0.14	—	99.9
AES-11	0.1	0.1	0.01	0.03	0.04	0.11	99.9
AL-160SG-3	—	0.43	0.01	0.02	0.06	0.05	99.43

*　L.O.I：強熱減量

[住友化学 無機材料事業部 アルミナ製品部/高機能材料部，"製品データブック（抜粋）アルミナ"，http://www.sumitomo-chem.co.jp/products/docs/a06006.pdf；昭和電工カタログ，"易焼結アルミナ①②"（2007），http://www.sdk.co.jp/assets/files/products/1198/1198_01.pdf]

補遺：本書で多用されているアルミナ試料

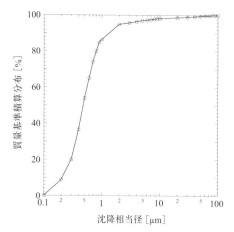

図 A.1　AES-12, AES-11 の粒子径分布(X線透過法により実測)

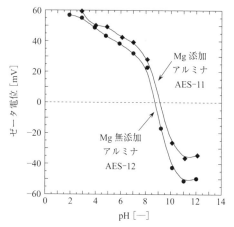

図 A.2　AES-12, AES-11 のゼータ電位(電気泳動法により実測)

参考文献

1) 住友化学 無機材料事業部 アルミナ製品部/高機能材料部，"製品データブック(抜粋) アルミナ"，http://www.sumitomo-chem.co.jp/products/docs/a06006.pdf
2) 昭和電工カタログ，"易焼結アルミナ①②"（2007），http://www.sdk.co.jp/assets/files/products/1198/1198_01.pdf

おわりに

　私は，大学人には教育と研究と学問の体系化という三つの使命が課せられていると考えている．研究室をスタートさせた90年代半ばは，バブルが崩壊し世の中が大きく変わりだし，大学審答申で「競争的環境の中で個性の輝く大学」と謳われ，大学に競争原理が導入された時期である．私は創造活動や教育活動において大切なのは切磋琢磨であって，競争ではないと考えている．切磋琢磨は，各々が各々の価値観で各々の目標に向かって競い合うことなので，様々な分野で独創的な成果が期待され，個性豊かな人間が育てられる．一方，競争とは勝負・優劣をつけることなので評価基準が不可欠である．複数の評価基準は混乱の元であるから基準(価値観)は自ずと絞られる．ある価値観で活動を評価するということは，その活動を特定の方向にベクトル付けすることになるので，創造活動や教育活動から多様性を奪ってしまう．したがって，ベクトルの向きの誤りに気づいても代替案を準備することは難しく，その誤りを修正できずに終わってしまう危険性をはらんでいる．

　そのころから学校教育でも人材という言葉が使われだしたが，私は人材と聞くと人を建築部材のように扱うようで好きではない．学校教育の目標は人格の完成であり，教師の役割は，学生が自らの力で人格を形成するのを助けることであると考えていたので，学生が将来何事においても自分の頭で考え判断し主体的に行動できるよう，私なりに工夫して学生を指導してきた．

　競争的環境下で研究を続けるためには，競争的研究資金に頼らざるを得ないが，基盤工学である化学工学や粉体工学の研究対象は現場の製造技術であり，競争的研究資金で取りあげる「最先端」テーマにはなじみにくい．それで競争的研究資金を得るために，多くの研究者が研究対象を「最先端」テーマに変えたため，現場の課題に応えるような地道な研究は激減した．私も大いに迷ったが，現場の課題に応える研究も工学研究の一つの大きな柱であるし，また現場のニーズに応えることができれば，産業界がそれ相応に応援してくれるのではないかと考え，「現場に役立つ基礎研究」を標榜して「最先端」テーマとは距離をおく覚悟を固めた．

大学に戻る前にお世話になっていた(財)ファインセラミックスセンターで，最先端材料であるファインセラミックスの製造工程は未だにアートの世界であり，特にスラリー操作に関してはまさに「泥に足を取られる」状態であること，また産業界はアートのテクノロジー化を切望していることを肌身で感じていた．それで，大学では迷わず「泥」に足を入れてみることにした．研究成果を活用するさい高価な装置や特殊な装置が必要であれば，現場で使っていただくことは難しいと思い，「手段はローテク，結果はハイテク」をもう一つのモットーとして研究を進めてきた．その研究成果を，共同研究者でもある教え子の力を借りて「基礎スラリー工学」として一冊の本にまとめ，大学人三番目の使命である学問の体系化に寄与できた．これでようやく大学人を無事卒業できる思いである．

　本書は三人の名前で出版されるが，椿研に集い切磋琢磨しあった学生・院生・職員・研究員の方々全員の力で生み出した成果であり，名前を別記して一人一人にお礼申し上げる．また，私どもの研究をご理解いただき息長く研究室をご支援いただいた別記の方々始め，産業界の方々にも心よりの感謝の気持ちをお伝えしたい．

　私が健康で本書を出版できたのは，ひとえに妻友美の献身的な支えの賜であり心よりの感謝を捧げる．

2015 年 12 月吉日

椿　淳一郎

おわりに

椿研に集った方々：青山 友美，青山 誠孝，浅井 一輝，足立 善幸，厚村 昌利，
阿藤 賢次郎，安齋 将貴，和泉 翔，一柳 正昭，伊藤 誠，伊藤 亮史，伊藤 隆太，
伊藤 喜伸，稲嶺 育恵，内海 良治，ウネンバット ツェベーン，梅田 明，江崎 憲治，
遠藤 嘉重，大江 隆彦，大河 素子，太田 光紀，大塚 洋美，大矢 賢樹，奥田 浩司，
オチルホヤグ バヤンジャルガル，片桐 亜希子，勝岡 貴久，加藤 将伸，加藤 武彦，
菊池 康貴，木口 崇彦，木村 隆俊，金 孝政，久納 聖史，久万 琢也，熊田 雄介，黄 飛，
香村 俊行，児玉 浩之，小西 利幸，近藤 勝義，桜井 智宏，酒見 建至，佐藤 祥平，
佐藤根 大士，塩田 耕一郎，四方 雅人，菅原 小春，杉本 理充，鈴木 一勝，戴 嘉懿，
高木 康道，竹井 健一郎，竹内 裕太，武田 力弥，竹村 沙希子，多谷 健嗣，田中 俊介，
田中 達也，田中 大志，田村 剛寛，崔 嘉圭，恒川 明彦，鶴田 明久，戸塚 浩美，
外山 豊，鳥居 伸司，長縄 佳祐，野田 基央，野村 享平，野村 敦子，長谷川 貴志，
長谷川 千鶴，長谷部 由美子，畑中 雅人，早川 修，春成 麻未，樋田 貴文，日原 靖之，
平澤 直哉，平田 隆幸，平野 哲也，平野 尚志，平松 直比古，廣瀬 達也，廣瀬 仁嗣，
福田 哲，藤井 寿，藤田 聡，藤原 誠，星野 剛宏，堀 有加里，前田 俊介，間瀬 茂和，
間宮 丈博，三浦 真悠，水野 篤，宮澤 正徳，宮原 健，虫賀 貴司，村瀬 智子，森 英利，
森 隆昌，森田 雅也，柳生 泰秀，山川 博雄，山田 敦郎，山田 朋文，山田 貴大，
山本 俊之，吉田 宜史，吉村 典行，吉村 俊治，脇坂 正次，和田 麗子

（五十音順，姓は当時のまま）

椿研をご支援いただいた方々：山田 克彦，前田 友夫，脇坂 康尋，清川 英明

（敬称略，順不同）

索　引

あ

アオコ(濾過濃縮)　206
圧縮試験
　　顆粒——　184
　　粒子充填層——(硬度評価)　233
圧密沈降　129, 137
圧力損失　205
アトリッション試験　190
安定度比　77
一次粒子　13
移(易)動度　30
異物混入　172
陰イオン界面活性剤　33
泳動速度　30
遠心沈降(挙動)　126
遠心沈降過程　178
円すい-平板形回転粘度計　113
応力緩和　187
応力緩和速度　195
オストワルド流動　102

か

会合体　35
塊状凝集　79, 80, 108
回分沈降試験
　　(充填特性)　147
　　(沈降パターン)　129
界面活性剤　33
　　陰イオン——　33
　　非イオン(ノニオン)性——　33
　　陽イオン——　33
　　両性——　33
解離基(帯電機構)　27

化学吸着　32
架橋凝集　58, 108
拡散係数　72
拡散層　28
拡散相当径　15
活物質　173
荷電点　34
顆粒(形成)　181
顆粒圧縮試験　184
顆粒強度　184
顆粒充填層圧縮・緩和試験　186
顆粒変形挙動　184
顆粒密度　189
乾　式　8
干渉沈降　126, 231
干渉沈降速度　126
慣性集塵　216
慣性濾過　216
乾燥欠陥　193
カンチレバー(原子間力顕微鏡)　64
陥没顆粒　181
緩慢(緩速)凝集　77

幾何学的寸法比　11
幾何標準偏差　18
希釈率　125
気相吸着　32
擬塑性流動　97
気体吸着法(比表面積測定)　17
逆(負)チクソトロピー　102
キャッソン式　98
キャッソンプロット　99
急速凝集　77
吸脱着挙動　36
吸　着　32
　　ラングミュア型——　33

吸着高分子層厚さ　65
吸着サイト　34
吸着等温線　33
吸着メカニズム　39
吸着量　35
供給圧力(沪過機構)　211
共軸二重円筒形回転粘度計　112
凝　集　77
　　塊状——　79, 80, 108
　　架橋——　108
　　緩慢(緩速)——　77
　　急速——　77
　　ヘテロ——　107
　　網状——　79, 80
凝集剤　219
凝集速度式　73
凝集度　200
凝集粒子　13
凝　析　80
亀裂交差数　195
亀裂発生　171
均質化　8
金属イオン電気陰性度　26
キンチ(の)理論　129

グーイ層　28
空気透過法(比表面積測定)　17
クロスフロー沪過　205

ケーク内圧縮応力分布　158
ケーク沪過　205
ケミカルフリー造粒　219
原子間力顕微鏡　64
顕微鏡電気泳動法(ゼータ電位測定)
　　30

格子欠陥(帯電機構)　28
硬　度　233
硬度測定計　199
高濃度(スラリー)粒子径分布測定
　　225
高濃度スラリー　227
高分子界面活性剤　58
高分子吸着層ポテンシャル　60
高分子電解質(吸脱着挙動)　36
固化開始時間　143
枯渇安定化　60
枯渇引力　60
枯渇相互作用，枯渇効果　60
個数基準粒子径分布　18
コゼニー・カーマン式　158
コゼニー定数　24
固定相　28
コロイドプローブ(原子間力顕微鏡)
　　64

さ

最近接粒子　71
最大反発力　141
三次粒子　13
残留粘度　99

紫外可視光(UV)光度計(吸着量測定)
　　36
湿　式　8
質量基準積算分布　226
質量基準比表面積　16
質量基準粒子径分布　18
質量分率　10
シート成形　193
集合沈降　81, 129
自由沈降　121
充填特性　147
充填率　7, 8, 11
終末沈降速度　122
シュタイナーの式　126
シュルツ・ハーディー則　83
循環流量(沪過機構)　211
準粘性流動　97, 101

焼結体強度　190
親液性　22
親液性疎液粒子　22, 69
親液粒子　21, 69
親水基　33
　——の失活　44
親水性　22
親水粒子　21
浸透圧測定法（分散・凝集状態の評価）
　　90
振動電場振動法（ゼータ電位測定）　32
振動粘度計　114
真密度　17
親油基　33

水　和　21
ステルン層　28
ストークス径　15
すべり面　28
スモルコフスキーの式　30
スライドガラス法（分散・凝集状態の評価）　86
スラリー
　——の季節変化　202
　多成分——　173
　濃度——　227
スラリー化　170
スラリー調製　169

成形体密度　7, 189
静水圧低下速度　164
成相沈降　81, 128
成長法（粒子製造）　1
ゼータ電位　28, 47
接触角　22
セリサイトスラリー　206
全相互作用ポテンシャル（DVLO理論）
　　52
線速度　206
剪断応力　97, 113

剪断凝集　75
剪断速度　75, 97, 98, 113
　——粘稠化　97
　——流動化　97
剪断粘度　98

相互作用ポテンシャル（高分子吸着）
　　58
相対粘度　102
増　粘　110
掃　流　208
掃流剪断力　213
疎液性　22
疎液性疎液粒子　22, 69
疎液粒子　21, 69
　親液性——　22, 69
　疎液性——　22, 69
阻止沪過　216
疎水基　33
疎水性　22
疎水性相互作用　34, 57
疎水粒子　21
塑性緩和　187, 189
塑性体（塑性変形）　185
その場固化法（分散・凝集状態の評価）
　　85
疎油基　33

た

対数正規分布　18
体積基準比表面積　16
堆積層形成過程（モデル）　152, 156
堆積層固化（現象）　139
堆積層最終充填率　155
堆積層充填率　147
堆積層充填率分布　157
体積濃度　10
体積分率　10
堆積流束　152

体積力　2
帯電機構　26
　　金属酸化物（水酸化物）　26
　　難溶解性イオン結晶　27
代表粒子径　13
ダイラタント流動　97
濁度（測定）　84
多成分スラリー　173
脱着挙動　41
ダマ　70
単一円筒形回転粘度計　114
単一粒子　13
弾性変形のしにくさ　233

チクソトロピー　100
中実球形顆粒　181
超音波振動電位法（ゼータ電位測定）
　　32
沈　降
　　圧密――　129, 137
　　集合――　81, 129
　　成相――　81, 128
沈降界面　129
沈降凝集　74
沈降挙動　121
沈降径　15
沈降静水圧　178
沈降静水圧曲線　150, 227
　　（粒子集合状態）　110
沈降静水圧法
　　（充填特性）　149
　　（粒子径分布測定）　225
沈降電位法（ゼータ電位測定）　31
沈降パターン　128, 131
沈降法（粒子径測定）　15
沈降流束　131, 151

対イオン　28

定圧沪過曲線　158

定圧沪過法（充填特性）　157
デバイ長さ　28
電位決定イオン　27
電荷ゼロ点　26
電気泳動法（ゼータ電位測定）　30
電気浸透法（ゼータ電位測定）　31
電気二重層　28
電気二重層厚さ　29
電気二重層ポテンシャル　50
電場印加　220

透過光（強度測定）　84
凍結乾燥法（分散・凝集状態の評価）
　　85
動水直径　24
等沈降速度相当径　15
動的散乱法（粒子径測定）　14
導電助剤　173
等電点　26
トルク　112

な

内部応力　193
内部沪過　205
ナノバブル　57
二乗平均変位量　72
二次粒子　13
2成分スラリー　104
ニュートン流動　97
ぬれ性　22, 69
粘性・弾性緩和　187, 189
粘性体（粘性変形）　186
粘度　98
　　相対――　102
粘度測定法　112
濃縮・充填特性　12
濃縮限界　208
濃度不連続層　133

索引 249

は

媒体撹拌ミル 171
坏土 199
　――硬度 200
　――の可塑性最適化 201
撥水性 22
ハマカー定数 51
ハマカー力 51
半減時間
　（緩慢凝集） 78
　（剪断凝集） 76
　（ブラウン凝集） 73

非イオン（ノニオン）性界面活性剤 33
光散乱相当径 14
光透過法（粒子径測定） 16
非球形粒子 231
ひずみ速度 75
ビーズミル 171
非ニュートン流動 103
比表面積 16
比表面積（相当）径 17
微分粘度 98
ヒュッケルの式 30
表面（界面）エネルギー 22
表面間力測定装置 62
表面（界面）張力 22
表面力 2
ビンガム降伏値 98
ビンガム式 98
ビンガム（塑性）流動 97

ファンデルワースポテンシャル 51
ファンデルワース力 50
フィックの拡散式 72
フィルター表面粗さ分布 213
副イオン 28
物理吸着 32

ブラウン運動 72
ブラウン拡散 72
ブラウン凝集 72
粉砕法（粒子製造） 1
粉体 8
噴霧乾燥造粒 181

平均衝突自由行程 75
平均粒子間隔 71
ヘテロ凝集 107
ヘルツの式 234
ヘンリーの式 30

飽和吸着 58
保形性 118
ポテンシャル曲線 52
ポテンシャル障壁 54, 141
ポリカルボン酸アンモニウム（吸脱着挙動） 36
ボールミル 171
ボルン斥力 52

ま

マグネシウムイオン（Mg^{2+}）の影響 44
摩損試験 190
摩損特性 192
継粉（ままこ） 70, 170
見かけ粘度 98, 162
見かけ密度 18
ミセル 35
密度 17
明度分布（分散・凝集状態の評価） 86
目詰まり 205, 208, 216
毛管現象 23
毛管上昇高さ 24
毛細管直径 24
網状凝集 79, 80
網状凝集体 77

や

ヤングの式　22
有効重力　121, 140
誘電分極造粒　219
陽イオン界面活性剤　33
溶媒和　21

ら

らせん案内棒　206
らせん内流速　213

理想的集合構造　10
リチウムイオン電池正極材料　173
リチャードソン・ザキの式　126, 230
立体障害　58
立体反発　58
粒　子
　一次――　13
　凝集――　13
　最近接――　71
　三次――　13
　親液――　21
　親水――　21
　疎液――　21
　疎水――　21
　単一――　13
　二次――　13
粒子間隔　70
　平均――　71
粒子間距離　70
粒子間力　2, 9, 57
粒子緩和時間　122
粒子径　13
　代表――　13
　50％――　18
粒子径分布　18
　個数基準――　18

　質量基準――　18
粒子硬度評価　233
粒子集合状態　9, 149
　理想の――　11
粒子充填性　182
粒子状材料　3
粒子状材料製造プロセス　11, 12, 169
粒子停止距離　125
粒子特性　13
粒子表面間距離　10
粒子密度　17
流体効力　121
流動曲線　97
流動電位法（ゼータ電位測定）　31
流動特性　12, 97, 163
両性界面活性剤　33
臨界凝集濃度　61, 83

ルンプの式　236

レーザー回折・散乱法（粒子径測定）
　　　13
レーザードップラー電気泳動法（ゼータ
　　電位測定）　30

濾　過
　クロスフロー――　205
　ケーク――　205
　内部――　205
　無洗浄繰返し――　211
濾過操作　205
濾過速度　206, 209
濾過抵抗　158
濾過流束　206, 209, 211
ロータップ型篩振盪機　192

欧文

50%粒子径　　18
AFM　→　原子間力顕微鏡
atomic force microscope　　64
B型粘度計　　114
BET法(比表面積測定)　　17
DECAFF　　206
DLS　→　動的散乱法
DVLO理論　　49
dynamic light scattering　　14
IEP　→　等電点
isoelectric point　　26
point of zero charge　　26
PZC　→　電荷ゼロ点
SFA　→　表面間力測定装置
shear thinning　　97
surface force apparatus　　62
terminal settling velocity　　122
TG(Thermo-Gravimetric)分析計(吸着量測定)　　36
thixotropy　　100
TOC分析計(吸着量測定)　　36
X線透過法(粒子径測定)　　16

著者略歴

椿 淳一郎（つばき じゅんいちろう） 工学博士，名古屋大学名誉教授
1947 年生 山形県立米沢興譲館高等学校，山形大学工学部化学工学科，名古屋大学大学院工学研究科化学工学専攻修士課程，同博士課程
1976 年 名古屋大学工学部 助手，1986 年 同 助教授
1987 年 （財）ファインセラミックスセンター 技術部長
1994 年 名古屋大学大学院工学研究科 教授
2012 年 同 定年退職，JHGS（株）こな椿ラボ 主宰，現在に至る

森 隆昌（もり たかまさ） 博士（工学）
1974 年生 岐阜県立大垣北高等学校，名古屋大学工学部分子化学工学科，同学大学院工学研究科博士課程(前期課程)，同（後期課程）
2002 年 名古屋大学大学院工学研究科 助手
2013 年 法政大学生命科学部 准教授
2016 年 同 教授，現在に至る

佐藤根 大士（さとね ひろし） 博士（工学）
1981 年生 滋賀県立虎姫高等学校，金沢大学工学部物質化学工学科，同学大学院自然科学研究科博士前期課程，名古屋大学大学院工学研究科博士課程(後期課程)
2008 年 名古屋大学エコトピア科学研究所，工学研究科 研究員
2010 年 兵庫県立大学大学院工学研究科 助教
2016 年 同 准教授，現在に至る

基礎スラリー工学

平成 28 年 1 月 30 日　発　　　行
令和 5 年 5 月 20 日　第 5 刷発行

著作者　椿 淳一郎・森 隆昌・佐藤根 大士

発行者　池　田　和　博

発行所　丸善出版株式会社
〒101-0051　東京都千代田区神田神保町二丁目17番
編 集：電話　(03)3512-3262／FAX(03)3512-3272
営 業：電話　(03)3512-3256／FAX(03)3512-3270
https://www.maruzen-publishing.co.jp

© JunIchiro Tsubaki, Takamasa Mori, Hiroshi Satone, 2016
組版印刷・製本／藤原印刷株式会社

ISBN 978-4-621-08999-6 C 3058　　　Printed in Japan

JCOPY 〈(一社)出版者著作権管理機構 委託出版物〉
本書の無断複写は著作権法上での例外を除き禁じられています．複写される場合は，そのつど事前に，(一社)出版者著作権管理機構(電話03-5244-5088，FAX 03-5244-5089，e-mail：info@jcopy.or.jp)の許諾を得てください．